高等学校"十三五"规划教材

分析化学实验

中南民族大学分析化学实验编写组 编

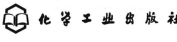

·北京·

《分析化学实验》包括化学分析实验和仪器分析实验两部分内容，首先介绍了分析化学实验基础知识、定量分析实验仪器和基本操作，然后按基础实验、综合实验和设计实验安排实验内容，本书共安排了 45 个实验项目，实验内容与生产、科研结合紧密，有助于培养学生的创新能力，建立科学研究思维。

《分析化学实验》可作为化学、化工、医药、环境、生物、农林等专业的教材，也可供质检、环保等部门的科技人员参考。

图书在版编目（CIP）数据

分析化学实验/中南民族大学分析化学实验编写组编.
北京：化学工业出版社，2017.9（2025.2重印）
高等学校"十三五"规划教材
ISBN 978-7-122-30070-6

Ⅰ.①分… Ⅱ.①中… Ⅲ.①分析化学-化学实验-高等学校-教材 Ⅳ.①O652.1

中国版本图书馆 CIP 数据核字（2017）第 154058 号

责任编辑：宋林青　洪　强　　　　　　　　文字编辑：陈　雨
责任校对：宋　玮　　　　　　　　　　　　装帧设计：关　飞

出版发行：化学工业出版社（北京市东城区青年湖南街 13 号　邮政编码 100011）
印　　装：河北延风印务有限公司
787mm×1092mm　1/16　印张 9　字数 219 千字　2025 年 2 月北京第 1 版第 7 次印刷

购书咨询：010-64518888　　　售后服务：010-64518899
网　　址：http://www.cip.com.cn
凡购买本书，如有缺损质量问题，本社销售中心负责调换。

定　　价：20.00 元　　　　　　　　　　　　　　　　　　　　版权所有　违者必究

前言

分析化学是高等学校化学、化工、环境、生物、医药等相关专业的基础课程，分析化学实验对巩固、强化分析化学课程基础理论及基本实验技能必不可少，能使学生正确熟练地掌握化学分析和仪器分析的基本操作技能、实验过程记录及结果分析，全面培养学生分析问题、解决问题的综合素质，促进学生全方位发展。

《分析化学实验》一书注重理论与实践相结合，在强化基础训练的同时，拓展了学生综合能力的培养，按照基础实验、综合实验、设计实验三层次划分所选内容，不仅夯实学生的基本理论、实验技能，而且引导学生全面掌握分析化学实验流程，提升学生综合素质；此外，实验内容还引入了部分教师的科研成果，这有助于培养学生的创新能力，建立科学研究思维，养成一定独立从事科学研究的习惯。

本书包含分析化学实验基础知识、化学分析实验仪器和基本操作、化学分析基础实验、化学分析综合实验、化学分析设计实验和仪器分析基础实验、仪器分析综合实验等部分，共精选20个化学分析实验，25个仪器分析实验。

本书可作为高等院校化学、化工、医药、环境、生物、农林等学科相关专业分析化学实验教材，也可供质检、环保等部门科技人员阅读参考。

参与本书编写的人员为中南民族大学化学与材料科学学院分析化学教研室的教师：柳畅先（第1~5章，实验21、22）、沈静茹（实验15~16，实验30~37，实验45）、詹国庆（实验24）、李海燕（实验8）、李春涯（实验26、28、29）、王献（实验25、44）、方怀防（实验38）、张慧娟（实验21~23）、察冬梅（实验40~43）、池泉（实验27）、叶晓雪（实验39）等。在编写过程中，编者参阅了大量相关书籍和资料，向相关作者致以诚挚的谢意。化学工业出版社的编辑为本书的出版做了大量细致的工作，对他们的帮助表示衷心感谢。

由于水平有限，虽经反复修改，书中难免有疏漏和不妥之处，望广大读者不吝赐教，不胜感激！

编者
2017年4月于武汉

目 录

第1部分 化学分析实验 / 1

第1章 分析化学实验的基础知识 ················· 1
  1.1 分析化学实验用水 ················· 1
  1.2 玻璃器皿的洗涤 ················· 2
  1.3 化学试剂及规格 ················· 2
  1.4 溶液的配制 ················· 3
  1.5 实验数据的记录、处理和实验报告 ················· 5
  1.6 实验室安全知识 ················· 6
  1.7 学生实验守则 ················· 7

第2章 定量分析实验仪器和基本操作 ················· 8
  2.1 分析天平 ················· 8
  2.2 滴定分析仪器与基本操作 ················· 13
  2.3 重量分析仪器及操作 ················· 21
  2.4 酸度计 ················· 26
  2.5 分光光度计 ················· 30

第3章 基础实验 ················· 34
  实验1 滴定分析操作练习 ················· 34
  实验2 食用醋中总酸度的测定 ················· 36
  实验3 磷酸的电位滴定 ················· 38
  实验4 自来水总硬度的测定 ················· 40
  实验5 铋、铅含量的连续测定 ················· 42
  实验6 铁矿试样中全铁含量的测定 ················· 44
  实验7 直接碘量法测定维生素C ················· 46
  实验8 食用酱油中氯化钠含量的测定 ················· 48
  实验9 邻二氮菲吸光光度法测定铁 ················· 50

第4章 综合实验 ················· 52
  实验10 硅酸盐水泥中 SiO_2、Fe_2O_3、Al_2O_3 含量的测定 ················· 52

实验 11　非有机溶剂液固萃取-光度法测定金属离子 ⋯⋯⋯⋯⋯⋯⋯⋯⋯⋯⋯⋯⋯⋯⋯ 54
实验 12　铅精矿中铅的测定 ⋯⋯⋯⋯⋯⋯⋯⋯⋯⋯⋯⋯⋯⋯⋯⋯⋯⋯⋯⋯⋯⋯⋯⋯⋯⋯ 56
实验 13　镀镍液中主要成分的分析 ⋯⋯⋯⋯⋯⋯⋯⋯⋯⋯⋯⋯⋯⋯⋯⋯⋯⋯⋯⋯⋯⋯⋯ 58
实验 14　土壤中游离氧化铁的草酸-盐酸羟胺高压提取及分析 ⋯⋯⋯⋯⋯⋯⋯⋯⋯⋯⋯ 60
实验 15　锰矿石中锰的测定 ⋯⋯⋯⋯⋯⋯⋯⋯⋯⋯⋯⋯⋯⋯⋯⋯⋯⋯⋯⋯⋯⋯⋯⋯⋯⋯ 62
实验 16　钢铁中磷含量的测定 ⋯⋯⋯⋯⋯⋯⋯⋯⋯⋯⋯⋯⋯⋯⋯⋯⋯⋯⋯⋯⋯⋯⋯⋯⋯ 64

第 5 章　设计实验 ⋯⋯⋯⋯⋯⋯⋯⋯⋯⋯⋯⋯⋯⋯⋯⋯⋯⋯⋯⋯⋯⋯⋯⋯⋯⋯⋯⋯⋯⋯⋯ 66

实验 17　混合酸（碱）的测定 ⋯⋯⋯⋯⋯⋯⋯⋯⋯⋯⋯⋯⋯⋯⋯⋯⋯⋯⋯⋯⋯⋯⋯⋯⋯ 66
实验 18　工业锅炉盐酸洗液的分析 ⋯⋯⋯⋯⋯⋯⋯⋯⋯⋯⋯⋯⋯⋯⋯⋯⋯⋯⋯⋯⋯⋯⋯ 68
实验 19　锰、铬、钒的连续测定 ⋯⋯⋯⋯⋯⋯⋯⋯⋯⋯⋯⋯⋯⋯⋯⋯⋯⋯⋯⋯⋯⋯⋯⋯ 69
实验 20　漂白精中有效氯和总钙量的测定 ⋯⋯⋯⋯⋯⋯⋯⋯⋯⋯⋯⋯⋯⋯⋯⋯⋯⋯⋯⋯ 70

第 2 部分　仪器分析实验　/ 71

第 6 章　基础实验 ⋯⋯⋯⋯⋯⋯⋯⋯⋯⋯⋯⋯⋯⋯⋯⋯⋯⋯⋯⋯⋯⋯⋯⋯⋯⋯⋯⋯⋯⋯⋯ 71

实验 21　蛋白质含量的紫外光度法测定 ⋯⋯⋯⋯⋯⋯⋯⋯⋯⋯⋯⋯⋯⋯⋯⋯⋯⋯⋯⋯⋯ 71
实验 22　紫外可见吸收光谱鉴别有机化合物的基团和结构 ⋯⋯⋯⋯⋯⋯⋯⋯⋯⋯⋯⋯⋯ 73
实验 23　荧光光度法对生物物质进行定量分析 ⋯⋯⋯⋯⋯⋯⋯⋯⋯⋯⋯⋯⋯⋯⋯⋯⋯⋯ 76
实验 24　火焰原子吸收光谱法测定水样中的铜 ⋯⋯⋯⋯⋯⋯⋯⋯⋯⋯⋯⋯⋯⋯⋯⋯⋯⋯ 78
实验 25　有机物红外光谱的测绘和结构分析 ⋯⋯⋯⋯⋯⋯⋯⋯⋯⋯⋯⋯⋯⋯⋯⋯⋯⋯⋯ 80
实验 26　氟离子选择性电极测定自来水中 F^- 含量 ⋯⋯⋯⋯⋯⋯⋯⋯⋯⋯⋯⋯⋯⋯⋯⋯ 82
实验 27　库仑滴定法测定药片中维生素 C 的含量 ⋯⋯⋯⋯⋯⋯⋯⋯⋯⋯⋯⋯⋯⋯⋯⋯⋯ 84
实验 28　循环伏安法判断电极反应过程可逆性 ⋯⋯⋯⋯⋯⋯⋯⋯⋯⋯⋯⋯⋯⋯⋯⋯⋯⋯ 86
实验 29　阳极溶出伏安法测定水样中铅镉含量 ⋯⋯⋯⋯⋯⋯⋯⋯⋯⋯⋯⋯⋯⋯⋯⋯⋯⋯ 88
实验 30　气相色谱峰面积及校正因子的测量 ⋯⋯⋯⋯⋯⋯⋯⋯⋯⋯⋯⋯⋯⋯⋯⋯⋯⋯⋯ 90
实验 31　气相色谱定量分析 ⋯⋯⋯⋯⋯⋯⋯⋯⋯⋯⋯⋯⋯⋯⋯⋯⋯⋯⋯⋯⋯⋯⋯⋯⋯⋯ 92
实验 32　热导池检测器（TCD）灵敏度的测定 ⋯⋯⋯⋯⋯⋯⋯⋯⋯⋯⋯⋯⋯⋯⋯⋯⋯⋯ 94
实验 33　氢火焰检测器（FID）性能指标的测定 ⋯⋯⋯⋯⋯⋯⋯⋯⋯⋯⋯⋯⋯⋯⋯⋯⋯ 96
实验 34　速率理论方程曲线的绘制 ⋯⋯⋯⋯⋯⋯⋯⋯⋯⋯⋯⋯⋯⋯⋯⋯⋯⋯⋯⋯⋯⋯⋯ 98
实验 35　高效液相色谱 HPLC 手性柱分离手性物质 ⋯⋯⋯⋯⋯⋯⋯⋯⋯⋯⋯⋯⋯⋯⋯⋯ 100
实验 36　高效液相色谱 HPLC 分离多环化合物 ⋯⋯⋯⋯⋯⋯⋯⋯⋯⋯⋯⋯⋯⋯⋯⋯⋯⋯ 104
实验 37　营造高效毛细管电泳手性环境分离手性药物 ⋯⋯⋯⋯⋯⋯⋯⋯⋯⋯⋯⋯⋯⋯⋯ 106

第 7 章　综合实验 ⋯⋯⋯⋯⋯⋯⋯⋯⋯⋯⋯⋯⋯⋯⋯⋯⋯⋯⋯⋯⋯⋯⋯⋯⋯⋯⋯⋯⋯⋯⋯ 109

实验 38　湖水中重金属离子的 ICP-MS 测定 ⋯⋯⋯⋯⋯⋯⋯⋯⋯⋯⋯⋯⋯⋯⋯⋯⋯⋯⋯ 109
实验 39　高效毛细管凝胶电泳法分离脱氧核糖核酸 ⋯⋯⋯⋯⋯⋯⋯⋯⋯⋯⋯⋯⋯⋯⋯⋯ 112
实验 40　固相微萃取和溶剂萃取与气相色谱法联用测定水中硝基苯的比较 ⋯⋯⋯⋯⋯ 115
实验 41　基于离子液体的液液微萃取与高效液相色谱联用测定水中的硝基苯 ⋯⋯⋯ 117

实验 42　薄层色谱法分离组氨酸和色氨酸 ·· 119
实验 43　壳聚糖磁性微球的制备及其对偶氮品红的吸附 ·································· 121
实验 44　GC-MS 定性分析邻苯二甲酸酯类化合物 ·· 123
实验 45　双-[6-氧-(3-羧甲基丁二酸单酯-4)]-β-环糊精衍生物的合成、表征及在 HPLC 拆分手性药物头孢氨苄中的应用 ·································· 126

附录 ·· 129
附录 1　常用指示剂 ·· 129
附录 2　常用缓冲溶液的配制 ··· 131
附录 3　常用基准物质及干燥条件与应用 ··· 132
附录 4　常用化合物的分子量 ··· 133
附录 5　原子量表 ·· 135

参考文献 ·· 137

第1部分 化学分析实验

第1章 分析化学实验的基础知识

1.1 分析化学实验用水

1.1.1 实验室用水的规格、保存和选用

在分析化学实验中,应根据所做实验对水质量的要求,合理地选用不同规格的纯水。不同制备方法所得纯水带来的杂质情况也不同。

我国已建立了实验室用水规格的国家标准 GB/T 6682—2008,其中规定了实验室用水的技术指标、制备方法和检验方法等。表 1-1 为实验室用水的级别及主要指标。在实际工作中,有些实验对水还有特殊的要求,有时还要对 Fe^{3+}、Ca^{2+}、Cl^- 及细菌等进行检验。

表 1-1 实验室用水的级别及主要指标

指标名称		一级	二级	三级
pH 范围(25℃)		—	—	5.0~7.5
电导率(25℃)/mS·m^{-1}	≤	0.01	0.10	0.50
吸光度(254nm,1cm 光程)	≤	0.001	0.01	—
可溶性硅(以 SiO_2 计)/mg·L^{-1}	<	0.01	0.02	—

1.1.2 实验室用水的制备及水质检验

蒸馏法:目前使用的蒸馏器有玻璃、铜、石英等材质。蒸馏法只能除去水中非挥发性的杂质,溶解在水中的气体杂质并不能完全除去。蒸馏法的设备成本低,操作简单,但消耗能量大。为节约能源和减少污染,可采用离子交换、电渗析等方法制备。

离子交换法:用离子交换法制备的纯水称为去离子水。目前多采用阴、阳离子交换树脂混合床装置来制备,其去离子效果好,成本低,但设备及操作较复杂,不能除去水中非离子型杂质,故去离子水中常含有微量的有机物。

电渗析法:电渗析法是在离子交换技术的基础上发展起来的一种方法。它是在直流电场的作用下,利用阴、阳离子交换膜对溶液中离子的选择性透过而去除离子型杂质。此法也不能除去非离子型杂质,仅适用于要求不很高的分析工作。

纯水的检验方法有物理方法（如测定水的电导率或电阻率）和化学方法两类。检验的项目一般包括：电导率或电阻率，pH，硅酸盐，氯化物，某些金属离子如 Cu^{2+}、Pb^{2+}、Zn^{2+}、Fe^{3+}、Ca^{2+}、Mg^{2+} 等。

纯水制备不易，也较难以保存。应根据不同情况选用适当级别的纯水，并在保证实验要求的前提下，注意尽量节约用水，养成良好的习惯。

1.2 玻璃器皿的洗涤

分析化学实验中所使用的器皿应洁净，其内外壁应能被水均匀地润湿，且不挂水珠。

实验中常用的烧杯、锥形瓶、量筒、量杯等一般的玻璃器皿，可用毛刷蘸去污粉或合成洗涤剂刷洗，再用自来水冲洗干净，然后用蒸馏水或去离子水润洗三次。

滴定管、移液管、吸量管、容量瓶等具有精确刻度的仪器，可采用合成洗涤剂洗涤。洗涤方法：将配成 0.1%～0.5% 的洗涤液倒入容器中，摇动几分钟，弃去，用自来水冲洗干净后，再用蒸馏水或去离子水润洗三次。如果未洗干净，可用铬酸洗液❶洗涤。

光度分析用的比色皿是用光学玻璃制成的，不能用毛刷洗，应根据不同情况采用不同的洗涤方法。常用的洗涤方法是将比色皿浸泡于热的洗涤液中一段时间后冲洗干净即可。被有色物质沾污的容量瓶等用此法洗涤往往是很有效的。此外，分析化学实验室常用的洗涤剂还有稀盐酸溶液、$NaOH-KMnO_4$ 溶液、乙醇及其与盐酸或氢氧化钠的混合液等。

1.3 化学试剂及规格

化学试剂产品很多，门类很多，分为无机试剂和有机试剂两大类；又可按用途分为标准试剂、一般试剂、高纯试剂、特效试剂、仪器分析专用试剂、指示剂、生化试剂、临床试剂、电子工业或食品工业专用试剂等。世界各国对化学试剂的分类和分级及标准不尽相同。我国化学试剂产品有国家标准（GB）和专业（行业，ZB）标准及企业标准（QB）等。国际标准化组织（ISO）和国际纯粹化学与应用化学联合会（IUPAC）也都有很多相应的标准和规定。

例如，IUPAC 对化学标准物质的分级有 A 级、B 级、C 级、D 级和 E 级。A 级为原子量标准，B 级为与 A 级物质最接近的基准物质，C 级和 D 级为滴定分析标准试剂，含量分别为 (100.00±0.02)% 和 (100.00±0.05)%，而 E 级为以 C 级或 D 级试剂为标准进行对比测定所得的纯度或相当于这种纯度的试剂。

我国的主要国产标准试剂和一般试剂的等级及用途见表 1-2。

化学制剂中，指示剂纯度往往不太明确。除少数标明"分析纯""试剂四级"外，经常遇到只写明"化学试剂""企业标准"或"生物染色素"等的情况。常用的有机溶剂、掩蔽剂等，也经常见到级别不明的情况，平常只可作为"化学纯"试剂使用，必要时需进行提纯。例如，三乙醇胺中铁含量较大，而又常用来掩蔽铁，因此使用该试剂时，必须注意。

---

❶ 铬酸洗液（$K_2Cr_2O_7$-浓 H_2SO_4 溶液）的配制：称取 10g 工业用 $K_2Cr_2O_7$ 固体于烧杯中，加入 20mL 水，加热溶解后，冷却，在搅拌下慢慢加入 200mL 浓硫酸，溶液呈暗红色，储存于玻璃瓶中备用。因浓硫酸易吸水，应用磨口玻璃塞子塞好。由于铬酸洗液是一种酸性很强的强氧化剂，腐蚀性很强，易烫伤皮肤，烧坏衣服，且铬有毒，所以使用时要注意安全和环境保护。

表 1-2　主要国产化学试剂的级别与用途

标准试剂类别(级别)	主要用途	相当于 IUPAC 的级别
容量分析第一基准	容量分析工作基准试剂的定值	C
容量分析工作基准	容量分析标准溶液的定值	D
容量分析标准溶液	容量分析测定物质的含量	E
杂质分析标准溶液	仪器及化学分析中用作杂质分析的标准	C
一级 pH 基准试剂	pH 基准试剂的定值和精密 pH 计的校准	D
pH 基准试剂	pH 计的定位(校准)	E
有机元素分析标准	有机元素的分析	
热值分析标准	热值分析仪的标定	
农药分析标准	农药分析的标准	
临床分析标准	临床分析的标准	
气相色谱分析标准	气相色谱法进行定性和定量分析的标准	

一般试剂级别	中文名称	英文符号	标签颜色	主要用途
一级	优级纯(保证试剂)	G.R.	深绿色	精密分析实验
二级	分析纯(分析试剂)	A.R.	红色	一般分析实验
三级	化学纯	C.P.	蓝色	一般化学实验
生化试剂	生物试剂 生物染色剂	B.R.	咖啡色	生物化学实验

生物化学中使用的特殊试剂，纯度表示和化学中一般试剂表示也不同。例如，蛋白质类试剂，经常以含量表示，或以某种方法（如电泳法等）测定杂质含量来表示。再如，酶是以每单位时间能酶解多少物质来表示其纯度，也就是说，它是以其活力来表示的。

此外，还有一些特殊用途的所谓高纯试剂。例如，"色谱纯"试剂，是在最高灵敏度下以 10^{-10} g 下无杂质峰来表示的"光谱纯"试剂，以光谱分析时出现的干扰谱线的数目强度大小来衡量，它往往含有该试剂的各种氧化物，不能认为它是化学分析的基准试剂，这点须特别注意"放射化学纯"试剂，以放射性测定时出现干扰的核辐射强度来衡量"MOS"级试剂，它是"金属-氧化物-半导体"试剂的简称，是电子工业专用的化学试剂；等等。

在一般分析工作中，通常要求使用 A.R. 级的分析纯试剂。

常用化学试剂的检验，除经典的湿法化学方法之外，已愈来愈多地使用物理化学方法和物理方法，如原子吸收光谱法、发射光谱法、电化学方法、紫外、红外和核磁共振分析法以及色谱法等。高纯试剂的检验，无疑只能选用比较灵敏的痕量分析方法。

分析工作者必须对化学试剂标准有明确的认识，做到科学地存放和合理地使用化学试剂，既不超规格造成浪费，又不随意降低规格而影响分析结果的准确度。

1.4　溶液的配制

1.4.1　一般溶液的配制

在台秤或分析天平上称出所需量固体试剂，于烧杯中先用适量水溶解，再在容量瓶中稀释至所需体积。试剂溶解时若有放热现象，或以加热促使溶解时，应待冷却后，再转入试剂瓶中或定量转入容量瓶中。配好的溶液，应马上贴好标签，注明溶液的名称、浓度和配制日期。

有一些易水解的盐，配制溶液时，需加入适量酸，再用水或稀酸稀释。有些易被氧化或还原的试剂，常在使用前临时配制，或采取措施，防止被氧化或被还原。

易侵蚀或腐蚀玻璃瓶的溶液，不能盛放在玻璃瓶内。如氟化物应保存在聚乙烯瓶中，装苛性碱的玻璃瓶应换成橡皮塞，最好也盛装在聚乙烯瓶中。

配制指示剂溶液时，需称取的指示剂量往往很少，这时可用分析天平称量，只要读取两位有效数字即可。要根据指示剂的性质，采用合适的溶剂，必要时还要加入适当的稳定剂，并注意其保质期。配好的指示剂一般储存于棕色瓶中。

配制溶液时，要合理选择试剂的级别，不要超规格使用试剂，以免造成浪费；也不要降低规格使用试剂，以免影响分析结果。

经常大量使用的溶液，可先配制成使用浓度10倍的储备液，需要用时取储备液稀释10倍即可。

1.4.2 标准溶液的配制和标定

(1) 直接法

用分析天平准确称取一定量的基准试剂，溶于适量的水中，再定量转移到容量瓶中，用水稀释至刻度。根据称取试剂质量和容量瓶体积，计算其准确浓度。

基准物质是纯度很高、组成一定、性质稳定的试剂，它的纯度相当于或高于优级纯试剂的纯度。基准物质可用于直接配制标准溶液或用于标定溶液浓度。作为基准试剂应具备下列条件。

① 试剂的组成与其化学式完全相符；

② 试剂的纯度应足够高（一般要求纯度在99.9%以上），而杂质的含量应少到不至于影响分析的准确度；

③ 试剂在通常条件下应该稳定；

④ 试剂参加反应时，应按反应式定量进行，没有副反应。

(2) 标定法

实际上只有少数试剂符合基准试剂的要求。很多试剂不宜用直接法配制标准溶液，而要用间接的方法，即标定法。在这种情况下，先配成接近所需溶液浓度的溶液，然后用基准试剂或另一种已知准确浓度的标准溶液来标定其准确浓度。

在实际工作中，特别是在工厂实验室，还常采用"标准试样"来标定标准溶液的浓度。"标准试样"含量是已知的，它的组成与被测物质相近。这样标定标准溶液浓度与被测物质条件相同，分析过程中的系统误差可以抵消，结果准确度较高。

储存的标准溶液，由于水分蒸发，水珠凝于瓶壁，使用前应将溶液摇匀。如果溶液浓度有了改变，必须重新标定。对于不稳定的溶液应定期标定。

必须指出，使用不同温度下配制的标准溶液，若从玻璃的膨胀系数考虑，即使温度相差30℃，造成的误差也不大。但是，水的膨胀系数约为玻璃的10倍，当使用温度与标定温度相差10℃以上时，则应注意这个问题。

1.5 实验数据的记录、处理和实验报告

(1) 实验数据的记录

学生应有专门的、预先编有页码的实验记录本,不得撕去任何一页。绝不允许将数据记录在单页纸或小纸片上,或记在书上、手掌上等。

实验过程中的各种测量数据及有关现象,应及时、准确而清楚地记录下来。记录实验数据时,要有严谨的科学态度,要实事求是,切忌夹杂主观因素,绝不能随意拼凑和伪造数据。

实验过程中涉及的各种特殊仪器的型号和标准溶液浓度等,应及时准确记录下来。

记录实验过程中的测量数据时,应注意其有效数字的位数。用分析天平称重时,要求记录至 0.0001g;滴定管及吸量管的读数,应记录至 0.01mL;用分光光度计测量溶液的吸光度时,吸光度在 0.6 以下,读数应记录至 0.001,大于 0.6 的,则要求读数记录至 0.01。

实验记录上的每一个数据,都是测量结果,所以在重复观测时,即使数据完全相同,也应记录下来。

进行记录时,对文字记录,应整齐清洁;对数据记录,应使用一定的表格形式,这样更为清楚明白。

在实验过程中,如发现数据算错、测错或读错而要改动时,可将该数据用一横线画去,并在其上方写上正确的数字。

(2) 分析数据的处理

为了衡量分析结果的精密度,一般对单次测定的一组结果,计算出算术平均值后,应再把单次测量结果的相对偏差、平均偏差、标准偏差、相对标准偏差等表示出来,这些是分析实验中最常用的几种处理数据的表示方法。

分析化学实验数据的处理,有时是大宗数据的处理,甚至有时还要进行总体和样本的大宗数据的处理。例如某河流水质调查,地球表面的矿藏分布,某地不同部位的土壤调查,等等。

其他有关实验数据的统计学处理,例如置信度与置信区间、是否存在显著性差异的检验及对可疑值的取舍判断等可参考《分析化学》的有关章节和有关专著。

(3) 实验报告

实验完毕,应用专门的实验报告本,根据预习和实验中的现象及数据记录等,及时而认真地写出实验报告。分析化学实验报告一般包括如下内容。

① 实验目的

② 实验原理 简要地用文字和化学反应式说明。例如对于滴定分析,通常应有标定和滴定反应方程式,基准物质和指示剂的选择,标定和滴定的计算公式等。对含特殊仪器的实验装置,应画出实验装置图。

③ 主要试剂和仪器 列出实验中所要使用的主要试剂和仪器。

④ 实验步骤 应简明扼要地写出实验步骤。

⑤ 实验数据及其处理 应用文字、表格、图形将数据表示出来。根据实验要求及计算公式计算出分析结果并进行有关数据和误差处理,尽可能地使记录表格化。

⑥ 问题讨论 针对实验教材上的思考题和实验中的现象、产生的误差等进行讨论和分

析，尽可能地结合分析化学中有关理论，以提高自己分析问题、解决问题的能力，也为以后的科学研究、论文撰写打下一定基础。

1.6 实验室安全知识

在分析化学实验中，经常使用腐蚀性的、易燃、易爆炸的或有毒的化学试剂，大量使用易损的玻璃仪器和某些精密分析仪器及煤气、水、电等。为确保实验的正常进行和人身安全，必须严格执行实验室的安全规则。

① 实验室内严禁饮食、吸烟，一切化学药品禁止入口。实验完毕须洗手。水、电、煤气灯使用完毕后，应立即关闭。离开实验室时，应仔细检查水、电、煤气、门、窗等是否已关好。

② 使用煤气灯时，应先将空气孔调小，再点燃火柴，然后一边打开煤气开关，一边点火。不允许先开煤气灯，再点燃火柴。点燃煤气灯后，调节好火焰。用后立即关闭。

③ 使用电器设备时，应特别细心，切不可用湿润的手去开启电闸和电器开关。凡是漏电的仪器不要使用，以免触电。

④ 浓酸、浓碱具有强烈的腐蚀性，切勿溅在皮肤和衣服上。使用浓 HNO_3、HCl、H_2SO_4、$HClO_4$、氨水时，均应在通风橱中操作，绝不允许在实验室加热。夏天，打开浓氨水瓶盖之前，应先将氨水瓶在自来水水流下冷却后，再行开启。如不小心将酸或碱溅到皮肤或眼内，应立即用水冲洗，然后用 $50g \cdot L^{-1}$ 碳酸氢钠溶液（酸腐蚀时采用）或 $50g \cdot L^{-1}$ 硼酸溶液（碱腐蚀时采用）冲洗，最后用水冲洗。

⑤ 使用 CCl_4、乙醚、苯、丙酮、三氯甲烷等有机溶剂时，一定要远离火焰和热源。使用完后将试剂瓶塞严，放在阴凉处保存。低沸点的有机溶剂不能直接在火焰上或热源（煤气灯或电炉）上加热，而应在水浴上加热。

⑥ 热、浓的 $HClO_4$ 遇有机物常易发生爆炸。如果试样为有机物，应先用浓硝酸加热，使之与有机物发生反应，有机物被破坏后，再加入 $HClO_4$。蒸发 $HClO_4$ 所产生的烟雾易在通风橱中凝聚，经常使用 $HClO_4$ 的通风橱应定期用水冲洗，以免 $HClO_4$ 的凝聚物与尘埃、有机物作用，引起燃烧或爆炸，造成事故。

⑦ 汞盐、砷化物、氰化物等剧毒物品，使用时应特别小心。氰化物不能接触酸，因作用时会产生剧毒的 HCN！氰化物废液应倒入碱性亚铁盐溶液中，使其转化为亚铁氰化铁盐，然后做废液处理，严禁直接倒入下水道或废液缸中。硫化氢气体有毒，涉及硫化氢气体的操作时，一定要在通风橱中进行。

⑧ 如发生烫伤，可在烫伤处抹上黄色的苦味酸溶液或烫伤软膏。严重者应立即送医院治疗。实验室如发生火灾，应根据起火的原因进行针对性灭火。酒精及其他可溶于水的液体着火时，可用水灭火；汽油、乙醚等有机溶剂着火时，用砂土扑灭，此时绝对不能用水，否则反而扩大燃烧面；导线或电器着火时，不能用水及 CO_2 灭火器，而应首先切断电源，用 CCl_4 灭火，并根据火情决定是否要向消防部门报告。

⑨ 实验室应保持室内整齐、干净。不能将毛刷、抹布扔在水槽中；禁止将固体物、玻璃碎片等扔入水槽内，以免造成下水道堵塞。此类物质以及废纸、废屑应放入废纸箱或实验室规定存放的地方。废酸、废碱应小心倒入废液缸，切勿倒入水槽内，以免腐蚀下水道。

1.7 学生实验守则

① 实验室应该保持洁净，实验台面无灰尘和水渍。实验过程中，随时保持工作环境的整洁，玻璃仪器和其他仪器应有序摆放。固体废物如纸、火柴梗等只能丢入废物桶内，有毒废液应倒入指定回收处理桶中，切勿倒入水槽。

② 保持实验室安静，勿高声谈笑、抽烟，勿进食，勿饮水；实验时应注意力集中，神态安定；不迟到，不早退，遵守实验纪律。

③ 实验课前，应预习本实验内容，了解实验目的、原理、步骤和注意事项，并对所用的试剂和反应生成物的性能做到心中有数，对所用仪器设备的操作有基本了解。做到胸有成竹，做实验才能有条不紊。

④ 实验过程中，仔细观察实验现象，及时将实验现象和实验数据记录在实验报告本上，不能用小纸条或其他废纸记录实验数据，绝不允许有伪造原始数据的卑劣行为，养成良好的实事求是的科学态度和严谨的科学作风。

⑤ 实验开始前，应清点所有玻璃仪器和实验设备，如有破损或缺少，应报告指导教师，及时更换和补充。应爱护国家财物，认真仔细地操作，小心使用实验仪器，注意节约使用化学试剂、实验用蒸馏水、煤气灯。如实验中造成玻璃仪器破损或其他仪器损坏，应向指导教师报告，如实登记破损情况，按规定进行赔偿和补充。实验结束后，实验室的一切物品不许带离实验室。

⑥ 实验时要遵守操作规则，对易燃、易爆、剧毒药品更应严加控制其使用量。用前应先熟悉药品的取用方法和防护知识。必须遵守实验室一切电器、煤气的安全规则，以保证实验安全进行，防止事故发生。

⑦ 实验结束，须将玻璃仪器洗涤干净，关闭仪器电源，罩好仪器，由值日同学打扫和清理实验室及周边环境，检查并关好水、电、煤气和门窗，教师允许后，方可离开实验室。

⑧ 禁止穿背心、拖鞋进实验室，做实验时应穿实验服（白大褂），衣着应整洁，保持良好形象和秩序。

⑨ 遵从教师的指导。

第2章 定量分析实验仪器和基本操作

2.1 分析天平

分析天平是分析化学实验室中最重要、最常用的仪器之一，每一项定量分析工作都直接或间接地需要使用天平。常用的分析天平有阻尼天平、半自动电光天平、全自动电光天平、单盘电光天平和电子天平等。这些天平的构造和使用方法虽有些不同，但基本原理是相同的。

2.1.1 分析天平的分类

根据分析天平的结构特点，可分为等臂（双盘）分析天平、不等臂（单盘）分析天平和电子天平三类。它们的载荷一般为100～200g。有时又根据分度值的大小，分为常量分析天平（0.1mg/分度）、微量分析天平（0.01mg/分度）和超微量分析天平（0.001mg/分度）。

常用分析天平的规格、型号见表2-1。这里简单介绍等臂（双盘）半自动加码电光天平和电子分析天平。

表 2-1 常用分析天平的规格型号

种 类	型 号	名 称	规 格
双盘天平	TG328A TG328B TG332A	全自动加码电光天平 半自动加码电光天平 微量天平	200g/0.1mg 200g/0.1mg 20g/0.01mg
单盘天平	DT-100 DTG-160	单盘精密天平 单盘电光天平	100g/0.1mg 160g/0.1mg
电子天平	FA1604 FA2004	上皿式电子天平 上皿式电子天平	160g/0.1mg 200g/0.1mg

2.1.2 分析天平的原理

各种分析天平是根据杠杆原理制造的。各种型号的等臂双盘天平的构造和使用方法大同小异。现以 TG328B 型半自动电光天平为例介绍这类天平的构造和使用方法。其外形和构造如图2-1所示。

① 天平横梁是天平的主要部件，一般由铝铜合金制成。三个玛瑙刀等距安装在梁上，梁的两边装有2个平衡螺钉，用来调节横梁的平衡位置（即粗调零点），梁的中间装有垂直的指针，用以指示平衡位置。支点刀的后上方装有重心螺钉，用以调整天平的灵敏度。

分析天平必须具有足够的灵敏度。天平的灵敏度是指在一个秤盘上加1mg物质时所引起指针偏斜的程度，一般以分度/mg表示。指针倾斜程度大表示天平的灵敏度高。设天平的臂长为 l，d 为天平横梁的重心与支点间的距离，m 为梁的质量，α 为在一个盘上加1mg

物质时引起指针倾斜的角度，它们之间的关系为

$$\alpha = \frac{l}{md}$$

α即为天平的灵敏度。由上式可见，天平臂越长，梁越轻，支点与重心间的距离越短即重心越高，则天平的灵敏度越高。由于同一台天平的臂长和梁的质量都是固定的，所以只能通过调整重心螺钉的高度来改变支点到重心的距离以得到合适的灵敏度。另外，天平的臂在载重时略向下垂，因而臂的实际长度减小，梁的重心也略向下移，故天平载重后的灵敏度会减小。

天平的灵敏度常用分度值或"感量"表示。分度值与灵敏度互为倒数关系，即

分度值＝感量＝1/灵敏度

检查电光天平的灵敏度时，通常在天平盘上加10mg片码（或10mg游码），天平的指针偏98～102格即合格。灵敏度为10格/mg，分度值为0.1mg/格，常称之为"万分之一"的天平。

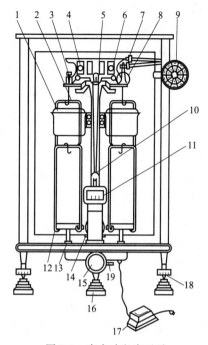

图 2-1 半自动电光天平
1—阻尼器；2—挂钩；3—吊耳；
4、6—平衡螺钉；5—天平梁；7—环码钩；
8—环码；9—指数盘；10—指针；11—投影屏；
12—秤盘；13—盘托；14—光源；15—旋钮；
16—垫脚；17—变压器；18—螺旋脚；19—拨杆

② 天平正中是立柱，安装在天平底板上。柱的上方嵌有一块玛瑙平板，与支点刀口相接触。柱的上部装有能升降的托梁架，关闭天平时它托住天平梁，使刀口脱离接触以减少磨损。柱的中部装有空气阻尼器的外筒。

③ 悬挂系统

a. 吊耳　它的平板下面嵌有光面玛瑙，与力点刀口相接触，使吊钩及秤盘、阻尼器内筒能自由摆动。

b. 空气阻尼器　由两个特制的铝合金圆筒组成，外筒固定在立柱上，内筒挂在吊耳上。两筒间隙均匀，没有摩擦，开启天平后，内筒能自由上下运动，由于筒内空气的阻力作用使天平横梁很快停摆而达到平衡。

c. 秤盘　天平的两个秤盘分别挂在吊耳上，左盘放被称物，右盘放砝码。

④ 读数系统　指针下端装有缩微标尺，光源通过光学系统将缩微标尺上的分度线放大，再反射到光屏上，从屏上可看到标尺的投影，中间为零，左负右正。屏中央有一条垂直刻线，标尺投影与该线重合处即为天平的平衡位置。天平箱下的投影屏调节杠可将光屏在小范围内左右移动，用于细调天平零点。

⑤ 天平升降旋钮　位于天平底板正中，它连接托梁架、盘托和光源。开启天平时，顺时针旋转升降旋钮，托梁架即下降，梁上的三个刀口与相应的玛瑙平板接触，吊钩及秤盘自由摆动，同时接通了光源，屏幕上显出标尺的投影，天平已进入工作状态。停止称量时，关闭升降旋钮，则横梁、吊耳及秤盘被托住，刀口与玛瑙平板分开，光源切断，屏幕黑暗，天平进入休止状态。

⑥ 天平箱下装有三个脚，前面的两个脚带有旋钮，可使底板升降，用以调节天平的水

平位置。天平立柱的后上方装有气泡水平仪，用以指示天平的水平位置。

⑦ 机械加码　转动圈码指数盘，可使天平梁右端吊耳上加 10～990mg 圈形砝码。指数盘上刻有圈码的质量值，内层为 10～90mg 组，外层为 100～900mg 组。

⑧ 砝码　每台天平都附有一盒配套使用的砝码。盒内装有 1g，2g，2g，5g，10g，20g，20g，50g，100g 的 3 等砝码共 9 个。

标称值相同的砝码，其实际质量可能有微小的差异，所以分别用单点"·"或单星"*"、双点"··"或双星"**"作标记以示区别。取用砝码时要用镊子，用完及时放回盒内并盖严。

我国生产的砝码（不包括机械挂码）过去分为 5 等，其中 1、2 等砝码主要为计量部门用作基准或标准砝码；3～5 等为工作用砝码。双盘分析天平上通常配备 3 等砝码。新修订的国家计量检定规程《砝码》(JJG 99—2006) 中将砝码按其有无修正值分为两类：有修正值的砝码分为 1、2 等，其质量按标称值加修正值计；无修正值的砝码分为 9 个级别，其质量按标称值计。原来的 3 等砝码与现在 4 级砝码的精度相近。

砝码产品均附有质量检定证书。砝码使用一定时间（一般为 1 年）后应对其质量进行核准。砝码在使用及存放过程中要保持清洁，3 等及 4 等以上的砝码不得以手直接拿取。要防止刮伤及腐蚀砝码表面，定期用无水乙醇或丙酮擦拭，擦拭时应用真丝布，并注意避免溶剂渗入砝码的调整腔内。

2.1.3　分析天平的使用方法

分析天平是精密仪器，使用时要认真、仔细，遵守"分析天平的使用规则"，做到正确使用分析天平，准确快速完成称量而又不损坏天平。

(1) 天平称量前的检查与准备

拿下防尘罩，叠平后放在天平箱上方。检查天平是否正常，天平是否水平，秤盘是否洁净，圈码指数盘是否在"000"位，圈码有无脱位，吊耳有无脱落、移位等。

检查和调整天平的空盘零点。这一操作每个学生都应会做，学生都要掌握用平衡螺钉（粗调）和投影屏调节杠（细调）调节天平零点。这也是分析天平称重练习的基本内容之一。

(2) 称量

当要求快速称量，或怀疑被称物可能超过最大载荷时，可用托盘天平（台秤）粗称。一般不提倡粗称。

将待称物置于天平左盘的中央，关上天平左门。按照"由大到小、中间截取、逐级试重"的原则在右盘加减砝码。试重时应半开天平，观察指针偏移方向或标尺投影移动方向，以判断左右两盘的轻重和所加砝码是否合适及如何调整。注意：指针总是偏向轻盘，标尺投影总是向重盘方向移动。先调定克以上砝码（应用镊子取放），关上天平右门。再依次调整百毫克组和十毫克组圈码，每次都从中间量（500mg 和 50mg）开始调节。调定十毫克组圈码后，再完全开启天平准备读数。

(3) 读数

砝码调定，全开天平，待标尺停稳后即可读数。被称物的质量等于砝码总量加标尺读数（均以克计）。标尺读数在 9～10mg 时，可再加 10mg 圈码，从屏上读取标尺负值，记录时将此读数从砝码总量中减去。

(4) 复原

称量、记录完毕，即应关闭天平，取出被称物，将砝码夹回盒内，圈码指数盘退回到"000"位，关闭两侧门，盖上防尘罩，并在天平使用登记本上登记。

2.1.4 电子天平

电子天平是最新一代的天平，是根据电磁力平衡原理，直接称量，全量程不需砝码，放上被称物后，在几秒钟内即达到平衡，显示读数，称量速度快，精度高。它的支承点用弹性簧片，取代机械天平的玛瑙刀口，用差动变压器取代升降枢装置，用数字显示代替指针刻度式。因而具有使用寿命长、性能稳定、操作简便和灵敏度高的特点。此外，电子天平还具有自动校正、自动去皮、超载指示、故障报警等功能以及具有质量电信号输出功能，且与打印机、计算机联用，进一步扩展其功能，如统计称量的最大值、最小值、平均值及标准偏差等。由于电子天平具有机械天平无法比拟的优点，尽管其价格较高，但也已广泛地应用于各个领域并逐步取代机械天平。

电子天平按结构可分为上皿式和下皿式电子天平。秤盘在支架上面为上皿式，秤盘吊挂在支架下面为下皿式，广泛使用的是上皿式电子天平。尽管电子天平种类繁多，但其使用方法大同小异，具体操作可参看各仪器的使用说明书。下面以上海天平仪器厂生产的 FA1604 型电子天平（图 2-2）为例，简要介绍电子天平的使用方法。

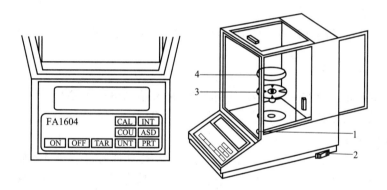

图 2-2 FA1604 型电子天平外形图
1—水平仪；2—水平调节器；3—盘托；4—秤盘；
ON—开启显示器键；OFF—关闭显示器键；TAR—清零、去皮键；CAL—校准功能键；
INT—积分时间调整键；COU—点数功能键；ASD—灵敏度调整键；
UNT—量制转换键；PRT—输出模式设定键

① 水平调节 观察水平仪。如水平仪水泡偏移，需调整水平调节脚，使水泡位于水平仪中心。

② 预热 接通电源，预热 1h 后，开启显示器进行操作。称量完毕，一般不用切断电源（若较短时间内例如 2h 内暂不使用天平），再用时可省去预热时间。

③ 开启显示器 轻按 ON 键，显示器全亮，约 2s 后显示天平的型号，然后是称量模式 0.0000g。读数时应关上天平门。

④ 天平基本模式的选定 天平通常为"通常情况"模式，并具有断电记忆功能。使用时若改为其他模式，使用后一按 OFF 键，天平即恢复通常情况模式。

量制单位的设置，由 UNT 控制，例如显示"g"时松手，即设置单位为克。积分时间的选择，由 INT 控制：INT-0，快速；INT-1，短；INT-2，较短；INT-3，较长。灵敏度的选择，由 ASD 控制。灵敏度的顺序为：ASD-0，最高；ASD-1，高；ASD-2，较高；ASD-3，低（其中 ASD-0 是生产调试时用，用户不宜选择此模式）。ASD 和 INT 两者配合使用情况如下：

    最快称量速度：INT-1   ASD-3
    通常情况：   INT-3   ASD-2
    环境不理想时：INT-3   ASD-3

⑤ 校准　天平安装后，第一次使用前，应对天平进行校准。因存放时间较长、位置移动、环境变化或为获得精确测量，天平在使用前一般都应进行校准操作。本天平采用外校准（有的电子天平具有内校准功能），由 TAR 键清零及 CAL 键、100g 校准砝码完成。

⑥ 称量　按 TAR 键，显示为零后，置被称物于秤盘上，待数字稳定即显示器左下角的"0"标志熄灭后，该数字即为被称物的质量值。

⑦ 去皮称量　按 TAR 键清零，置容器于秤盘上，天平显示容器质量，再按 TAR 键，显示零，即去皮重。再置被称物于容器中，或将被称物（粉末状物或液体）逐步加入容器中，直至达到所需质量，待显示器左下角"0"熄灭后，这时显示的是被称物的净质量。将秤盘上的所有物品拿开后，天平显示负值，按 TAR 键，天平显示 0.0000g。若称量过程中秤盘上的总质量超过最大载荷（FA1604 型电子天平为 160g）时，天平仅显示上部线段，此时应立即减小载荷。

⑧ 称量结束后，按 OFF 键关闭显示器。若当天不再使用电子天平，应拔下电源插头。

2.1.5　称量方法

根据不同的称量对象和不同的天平（例如机械天平和电子天平），需要采用相应的称量方法和操作步骤。对于机械天平而言，几种常用的称量方法如下。

(1) 直接称量法

此法用于称量某一物体的质量。例如，称量某小烧杯的质量，容量器皿校正中称量某容量瓶的质量，重量分析实验中称量某坩埚的质量等，都使用这种称量法。这种称量方法适于称量洁净干燥的不易潮解或升华的固体试样。

(2) 固定质量称量法

又称增量法。此法用于称量某一固定质量的试剂（如基准物质）或试样。这种称量操作的速度很慢，适于称量不易吸潮、在空气中能稳定存在的粉末状或小颗粒（最小颗粒质量应小于 0.1mg）样品，以便调节其质量。

固定质量称量法如图 2-3 所示。若不慎加入试剂超过指定质量，应先关闭升降旋钮，然后用牛角匙取出多余试剂。重复上述操作，直至试剂质量符合指定要求为止。严格要求时，取出的多余试剂应弃去，不要放回原试剂瓶中。操作时不能将试剂散落于天平左盘表面皿等容器以外的地方，称好的试剂必须定量地由表面皿等容器直接转入接收器，此即所谓"定量转移"。

图 2-3　固定质量称量法

(3) 递减称量法

又称减量法。此法用于称量一定质量范围的样品或试剂。在称量过程中样品易吸水、易氧化或易与 CO_2 反应时，可选择此法。由于称取试样的质量是由两次称量之差求得，故又称差减法。

称量步骤如下：从干燥器中取出称量瓶（注意不要让手指直接触及称量瓶和瓶盖），用小纸片夹住称量瓶盖柄，打开瓶盖，用牛角匙加入适量试样（一般为称一份试样量的整数倍），盖上瓶盖。将称量瓶置于天平左盘（见图2-4）。称出称量瓶加试样后的准确质量。将称量瓶取出，在接收器的上方，倾斜瓶身，用称量瓶盖轻敲瓶口上部使试样慢慢落入容器中（见图2-5）。当倾出的试样接近所需量（可从体积上估计或试重得知）时，一边继续用瓶盖轻敲瓶口，一边逐渐将瓶身竖直，使黏附在瓶口上的试样落下，然后盖好瓶盖，把称量瓶放回天平左盘，准确称取其质量。两次质量之差，即为试样的质量。按上述方法连续递减，可称取多份试样。有时一次很难得到合乎质量范围要求的试样，可多进行两次相同的操作过程。

图 2-4　称量瓶拿法

图 2-5　从称瓶中敲出试样的操作

2.1.6　使用天平的注意事项

① 开、关天平，放、取被称物，开、关天平侧门以及加、减砝码等，动作都要轻、缓，切不可用力过猛、过快，以免造成天平部件脱位或损坏。

② 调定零点和读取称量读数时，要留意天平门是否已关好；称量读数要立即记录在实验记录本中。调定零点和称量读数后，应随手关好天平。加、减砝码或被称物必须在天平处于关闭状态下进行（单盘天平允许在半开状态下调整砝码）。砝码未调定时不可完全开启天平。

③ 对于过热或过冷的被称物，应置于干燥器中直至其温度同天平室温度一致后才能进行称量。

④ 天平的前门仅供安装、检修和清洁时使用，通常不要打开。

⑤ 通常在天平箱内放置变色硅胶作干燥剂，当变色硅胶失效后应及时更换。注意保持天平、天平台和天平室的安全、整洁和干燥。

⑥ 必须使用指定的天平及该天平所附的砝码。如果发现天平不正常，应及时报告教师或实验室工作人员，不要自行处理。称量完成后，应及时对天平进行还原并在天平使用登记本上进行登记。

2.2　滴定分析仪器与基本操作

滴定管、移液管、吸量管（及微量进样器）、容量瓶等，是分析化学实验中测量溶液体积的最常用量器。

2.2.1 滴定管

滴定管是滴定时可准确测量滴定剂体积的玻璃量器。其主要部分管身是用细长且内径均匀的玻璃管制成，上面刻有均匀的分度线，线宽不超过 0.3mm。下端的流液口为一尖嘴，中间通过玻璃旋塞或乳胶管（配以玻璃珠）连接以控制滴定速度。滴定管分为酸式滴定管[图 2-6（a）]和碱式滴定管[图 2-6（b）]。另有一种自动定零位滴定管[图 2-6（c）]，是将储液瓶与具塞滴定管通过磨口塞连接在一起的滴定装置，加液方便，自动调零点，主要适用于常规分析中的经常性滴定操作。

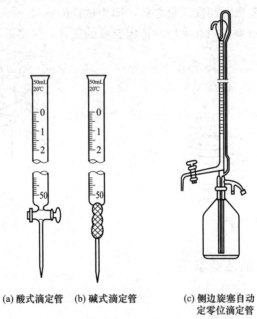

(a) 酸式滴定管　(b) 碱式滴定管　(c) 侧边旋塞自动定零位滴定管

图 2-6　滴定管

滴定管的总容量最小的为 1mL，最大的为 100mL，常用的是 50mL、25mL 和 10mL 的滴定管。国家规定的容量允差列于表 2-2（摘自国家标准 GB/T 12805—2011）。

表 2-2　常用滴定管的容量允差

标称总容量/mL		2	5	10	25	50	100
分度值/mL		0.02	0.02	0.05	0.1	0.1	0.1
容量允差/mL (±)	A	0.010	0.010	0.025	0.05	0.05	0.10
	B	0.020	0.020	0.050	0.10	0.10	0.20

滴定管的容量精度分别为 A 级和 B 级。通常以喷、印的方法在滴定管上制出耐久性标志，如制造厂商标、标准温度（20℃）、量出式符号（E_x）、精度级别（A 或 B）和标称总容量（mL）等。

酸式滴定管用来装酸性、中性及氧化性溶液，不适宜装碱性溶液，因为碱性溶液能腐蚀玻璃的磨口和旋塞。碱式滴定管用来装碱性及非氧化性溶液。能与橡皮起反应的溶液如高锰酸钾、碘和硝酸银等溶液，都不能加入碱式滴定管中。

(1) 滴定管的准备

滴定管一般用自来水冲洗，零刻度线以上部位可用毛刷蘸洗涤剂刷洗，零刻度线以下部位如不干净，则采用洗液洗（碱式滴定管应除去乳胶管，用橡胶乳头将滴定管下口堵住）。管内有少量的污垢可装入约 10mL 洗液，双手平托滴定管的两端，不断转动滴定管，使洗液润洗滴定管内壁，操作时管口对准洗液瓶口，以防洗液外流。洗完后，将洗液分别由两端放出。如果滴定管太脏，可将洗液装满整根滴定管浸泡一段时间。为防止洗液流出，在滴定管下方可放一烧杯。最后用自来水、蒸馏水洗净。洗净后的滴定管内壁应被水均匀润湿而不挂水珠。如挂水珠，应重新洗涤。

酸式滴定管（简称酸管），为了使其玻璃旋塞转动灵活，必须在塞子与塞座内壁涂少许凡士林。旋塞涂凡士林可用下面两种方法进行：一是用手指将凡士林涂润在旋塞的大头上（A 部），另用火柴杆或玻璃棒将凡士林涂润在相当于旋塞 B 部的滴定管旋套内壁部分，如图 2-7 所示。另一种方法是用手指蘸上凡士林后，均匀地在旋塞 A、B 两部分涂上薄薄的一层（注意，滴定管旋套内壁不涂凡士林，如图 2-8 所示）。

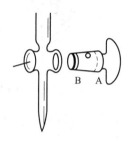 

图 2-7　旋塞涂凡士林操作（1）　　　　图 2-8　旋塞涂凡士林操作（2）

涂凡士林时，不要涂得太多，以免旋塞孔被堵住，也不要涂得太少，达不到转动灵活和防止漏液之目的。涂凡士林后，将旋塞插入旋套塞中。插时旋塞孔应与滴定管平行，此时旋塞不要转动，这样可以避免将凡士林挤到旋塞孔中去。然后，向同一方向不断旋转旋塞，直至旋塞全部呈透明状为止。旋转时，应有一定的向旋塞小头方向的挤压力度，以免来回移动旋塞，使塞孔受堵。最后将橡皮圈套在旋塞的小头部分沟槽上（不允许用橡皮筋绕！）。涂凡士林后的滴定管，旋塞应转动灵活，凡士林层没有纹络，旋塞呈均匀的透明状态。

若旋塞孔或出口尖嘴被凡士林堵塞时，可将滴定管充满水后，将旋塞打开，用洗耳球在滴定管上部挤压、鼓气，可以将凡士林排除。

碱式滴定管（简称碱管）使用前，应检查橡皮管（医用胶管）是否老化、变质，检查玻璃珠是否适当，玻璃珠过大，不便操作，过小，则会漏水。如不合要求，应及时更换。

(2) 滴定操作

练习滴定操作时，应很好地领会和掌握下面几个问题。

① 操作溶液的装入　将溶液装入酸管或碱管之前，应将试剂瓶中的溶液摇匀，使凝结在瓶内壁上的水珠混入溶液，在天气比较热或室温变化较大时，此项操作更为必要。摇匀后的操作溶液应直接倒入滴定管中，不得用其他容器（如烧杯、漏斗等）来转移。先用操作液润洗滴定管内壁三次，每次 10～15mL。最后将操作液直接倒入滴定管，直至充满至零刻度以上为止。

② 管嘴气泡的检查及排除　管内充满操作液后，应检查管的出口下部尖嘴部分是否充满溶液，是否留有气泡。为了排除碱管中的气泡，可将碱管垂直地夹在滴定管架上，左手拇指和食指捏住玻璃珠部位，使医用胶管向上弯曲翘起，并捏挤医用胶管，使溶液从管口喷出，即可排除气泡。如图 2-9 所示。酸管的气泡，一般容易看出，当有气泡时，右手拿滴定

管上部无刻度处，并使滴定管倾斜 30°，左手迅速打开活塞，使溶液冲出管口，反复数次，一般即可达到排除酸管出口处气泡的目的。由于目前酸管制作有时不合规格要求，因此，有时按上法仍无法排除酸管出口处的气泡。这时可在出口尖嘴上接上一根约 10cm 长的医用胶管，然后按碱管排气的方法进行排气。

③ 滴定姿势　站着滴定时要求站立好。有时为操作方便也可坐着滴定。

④ 酸管的操作　使用酸管时，左手握滴定管，其无名指和小指向手心弯曲，轻轻地贴着出口部分，用其余三指控制旋塞的转动，如图 2-10 所示。但应注意，不要向外用力，以免推出旋塞造成漏液，应使旋塞稍有一点向手心的回力。当然，也不要过分往里用太大的回力，以免造成旋塞转动困难。

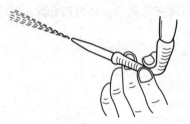

图 2-9　碱式滴定管排气泡的方法

图 2-10　酸式滴定管的操作

⑤ 碱管的操作　使用碱管时，仍以左手握管，其拇指在前，食指在后，其他三个手指辅助夹住出口管。用拇指和食指捏住玻璃珠所在部位，向右边挤胶管，使玻璃珠移至手心一侧，这样，溶液即可从玻璃珠旁边的空隙流出，如图 2-11 所示。必须指出，不要用力捏玻璃珠，也不要使玻璃珠上下移动，不要捏玻璃珠下部胶管，以免空气进入而形成气泡，影响读数。

⑥ 边滴边摇瓶要配合好　滴定操作可在锥形瓶或烧杯内进行。在锥形瓶中进行滴定时，用右手的拇指、食指和中指拿住锥形瓶，其余两指辅助在下侧，使瓶底离滴定台高约 2~3cm，滴定管下端伸入瓶口内约 1cm。左手握住滴定管，按前述方法，边滴加溶液，边用右手摇动锥形瓶，边滴加边摇动。其两手操作姿势如图 2-12 所示。

在烧杯中滴定时，将烧杯放在滴定台上，调节滴定管的高度，使其下端伸入烧杯内约 1cm。滴定管下端应在烧杯中心的左后方处（放在中央影响搅拌，离杯壁过近不利于搅拌均匀）。左手滴加溶液，右手持玻璃棒搅拌溶液，如图 2-13 所示。玻璃棒应做圆周搅动，不要碰到烧杯壁和底部。当滴至接近终点只滴加半滴溶液时，用玻璃棒下端承接此悬挂的半滴溶液于烧杯中，但要注意，玻璃棒只能接触液滴，不能接触管尖，其余操作同前所述。

图 2-11　碱式滴定管的操作

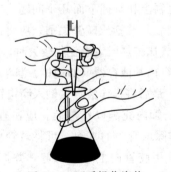

图 2-12　两手操作姿势

图 2-13　在烧杯中的滴定操作

进行滴定操作时,应该注意以下几点。

a. 最好每次滴定都从 0.00mL 开始,或接近 0.00mL 的任一刻度开始,这样可以减小滴定误差。

b. 滴定时,左手不能离开旋塞,而任溶液自流。

c. 摇瓶时,应微动腕关节,使溶液向同一方向旋转(左、右旋转均可),不能前后振动,以免溶液溅出。不要因摇动使瓶口碰在管口上,以免造成事故。摇瓶时,一定要使溶液旋转出现有一旋涡,因此,要求有一定速度,不能摇得太慢,影响化学反应的进行。

d. 滴定时,要观察滴落点周围颜色的变化。不要去看滴定管上的刻度变化,而不顾滴定反应的进行。

e. 滴定速度的控制方面,一般开始时,滴定速度可稍快,呈"见滴成线",这时速度为 10mL·min^{-1},即每秒 3~4 滴左右。而不要滴成"水线",这样,滴定速度太快。接近终点时,应改为一滴一滴加入,即加一滴摇几下,再加,再摇。最后是每加半滴,摇几下锥形瓶,直至溶液出现明显的颜色变化为止。

⑦ **半滴的控制和吹洗** 快到滴定终点时,要一边摇动,一边逐滴地滴入,甚至是半滴半滴地滴入。学生应该扎扎实实地练好加入半滴溶液的方法。用酸管时,可轻轻转动旋塞,使溶液悬挂在出口管嘴上,形成半滴,用锥瓶内壁将其沾落,再用洗瓶吹洗。对碱管,加半滴溶液时,应先松开拇指与食指,将悬挂的半滴溶液沾在锥瓶内壁上,再放开无名指和小指,这样可避免出口管尖出现气泡。

滴入半滴溶液时,也可采用倾斜锥瓶的方法,将附于壁上的溶液涮至瓶中。这样可避免吹洗次数太多,造成被滴物过度稀释。

⑧ **滴定管的读数** 滴定管读数前,应注意管出口嘴尖上有无挂着水珠。若在滴定后挂有水珠读数,这时是无法读准确的。一般读数应遵守下列原则。

a. 读数时应将滴定管从滴定管架上取下,用右手大拇指和食指捏住滴定管上部无刻度处,其他手指从旁辅助,使滴定管保持自然下垂,然后再读数。滴定管夹在滴定管架上读数的方法,一般不宜采用,因为它很难确保滴定管的垂直和准确读数。

b. 由于水的附着力和内聚力的作用,滴定管内的液面呈弯月形,无色和浅色溶液的弯月面比较清晰,读数时,应读弯月面下缘实线的最低点。为此,读数时,视线应与弯月面下缘实线的最低点相切,即视线应与弯月面下缘实线的最低点在同一水平面上,如图 2-14 所示。对于有色溶液(如 KMnO$_4$、I$_2$ 等),其弯月面是不够清晰的,读数时,视线应与液面两侧的最高点相切,这样才较易读准。

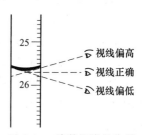

图 2-14 读数视线的位置

c. 为便于读数准确,在管装满或放出溶液后,必须等 1~2min,使附着在内壁的溶液流下来后,再读数。如果放出液的速度较慢(如接近计量点时就是如此),那么可只等 0.5~1min 后,即可读数。记住,每次读数前,都要看一下,管壁有没有挂水珠,管的出口尖嘴处有无悬液滴,管嘴有无气泡。

d. 读取的值必须至毫升小数点后第二位,即要求估计到 0.01mL。正确掌握 0.01mL 读数的方法很重要。滴定管上两个小刻度之间为 0.10mL,是如此之小,要估计到 1/10 的值,对一个分析工作者来说是要进行严格训练的。为此,可以这样来估计:当液面在两小刻度中间时,即为 0.05mL;若液面在两小刻度的 1/3 处,即为 0.03mL 或 0.07mL;当液面在两小刻度的 1/5 时，即为 0.02mL 或 0.08mL；等等。

e. 对于蓝带滴定管，读数方法与上述相同。当蓝带滴定管盛溶液后将有近似两个弯月面的上下两个尖端相交，此上下两尖端相交点的位置，即为蓝带管的读数的正确位置。

图 2-15 读数卡

f. 为便于读数，可采用读数卡，它有利于初学者练习读数。读数卡是用贴有黑纸或涂有黑色长方形（约 3cm×1.5cm）的白纸纸版制成。读数时，将读数卡放在滴定管背后，使黑色部分在弯月面下约 1mL 处，此时即可看到弯月面的反射层全部成为黑色，如图 2-15 所示。然后，读此黑色弯月面下缘的最低点。然而，对有色溶液须读其两侧最高点时，可用白色卡片作为背景。

2.2.2 容量瓶及其使用

容量瓶是一种细颈梨形的平底玻璃瓶，带有磨口玻璃塞或塑料塞，可用橡皮筋将塞子系在容量瓶的颈上。颈上有标度刻线，一般表示在 20℃ 时液体充满标度刻线时的准确容积（如图 2-16 所示）。

容量瓶的精度级别分为 A 级和 B 级。国家规定的容量允差列于表 2-3（摘自国家标准 GB/T 12806—2011）。

容量瓶主要用于配制准确浓度的溶液或定量地稀释溶液，故常和分析天平、移液管配合使用，用以把配成溶液的某种物质分成若干等份或不同的质量。为了正确地使用容量瓶，应注意以下几点。

图 2-16 容量瓶

表 2-3 常用容量瓶的容量允差

标准容量/mL		5	10	25	50	100	200	250	500	1000	2000
容量允差/mL（±）	A	0.02	0.02	0.03	0.05	0.10	0.15	0.15	0.25	0.40	0.60
	B	0.04	0.04	0.06	0.10	0.20	0.30	0.30	0.50	0.80	1.20

(1) 容量瓶的检查

主要检查瓶塞是否漏水，标度刻线位置距离瓶口是否太近。如果漏水或标线离瓶口太近，不便混匀溶液，则不宜使用。

检查瓶塞是否漏水的方法如下：加自来水至标度刻线附近，盖好瓶塞后，左手用食指按住塞子，其余手指拿住瓶颈标线以上部分，右手用指尖托住瓶底边缘，如图 2-17 所示。将瓶倒立 2min，如不漏水，将瓶直立，瓶塞转动 180°后，再倒立 2min 检查，如不漏水，方可使用。

使用容量瓶时，不要将其玻璃磨口塞随便取下放在桌面上，以免沾污或搞错，可用橡皮筋或细绳将瓶塞系在瓶颈上，如图 2-18 所示。当使用平顶的塑料塞子时，操作时才将塞子倒置在桌面上放置。

(2) 溶液的配制

用容量瓶配制标准溶液或分析试液时，最常用的方法是将待溶固体称出置于小烧杯中，加水或其他溶剂将固体溶解，然后将溶液定量转入容量瓶中。定量转移溶液时，右手拿玻璃棒，左手拿烧杯，使烧杯嘴紧靠玻璃棒，而玻璃棒则悬空伸入容量瓶口中，棒的下端应靠在瓶颈内壁上，使溶液沿玻璃棒和内壁流入容量瓶中，如图 2-18 所示。烧杯中溶液流完后，将玻璃棒和烧杯稍微向上提起，并使烧杯直立，再将玻璃棒放回烧杯中。然后，用洗瓶吹洗

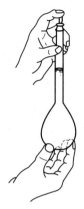

图 2-17 检查漏水和混匀溶液操作

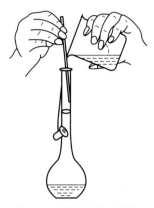

图 2-18 转移溶液的操作

玻璃棒和烧杯内壁,再将溶液定量转入容量瓶中。如此吹洗、转移的定量转移溶液的操作,一般应重复五次以上,以保证定量转移。然后加水至容量瓶的 3/4 左右容积时,用右手食指和中指夹住瓶塞的扁头,将容量瓶拿起,按同一方向摇动几周,使溶液初步混匀。继续加水至距离标度刻线约 1cm 处,等 1~2min 使附在瓶颈内壁的溶液流下后,再用细而长的滴管滴加水至弯月面下缘与标度刻线相切(注意,勿使滴管接触溶液,也可用洗瓶加水至刻度)。无论溶液有无颜色,其加水位置均以使水至弯月面下缘与标度刻线相切为标准。当加水至容量瓶的标度刻线时,盖上干的瓶塞,用左手食指按住塞子,其余手指拿住瓶颈标线以上部分,而用右手的全部指尖托住瓶底边缘,如前面图 2-17 所示,然后将容量瓶倒转,使气泡上升到顶,使瓶振荡混匀溶液。再将瓶直立过来,然后再将瓶倒转,使气泡上升到顶部,振荡溶液。如此反复 10 次左右。

(3) 稀释溶液

用移液管移取一定体积的溶液于容量瓶中,加水至标度刻线。按前述方法混匀溶液。

(4) 不宜长期保存试剂溶液

如配好的溶液需要保存时,应转移至磨口试剂瓶中,不要将容量瓶当作试剂瓶使用。

(5) 使用完毕应立即用水冲洗干净

如长期不用,磨口处应洗净擦干,并用纸片将磨口隔开。容量瓶不得在烘箱中烘烤,也不能在电炉等加热器上直接加热。如需使用干燥的容量瓶时,可将容量瓶洗净后,用乙醇等有机溶剂荡洗后晾干或用电吹风的冷风吹干。

2.2.3 移液管和吸量管及其使用

移液管是用于准确量取一定体积溶液的量出式玻璃仪器,其中间有一膨大部分[见图 2-19(a)],管颈上部刻有一圈标线,在标明的温度下,使溶液的弯月面与移液管标线相切,让溶液按一定的方法自由流出,则流出的体积与管上标明的体积相同。移液管按其容量精度分为 A 级和 B 级。国家规定的容量允差见表 2-4(摘自国家标准 GB/T 12808—2015)。

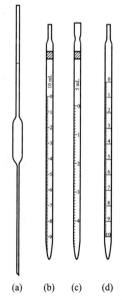

图 2-19 移液管和吸量管

表 2-4　常用移液管的容量允差

标称容量/mL		2	5	10	20	25	50	100
容量允差/mL (±)	A	0.010	0.015	0.020	0.030	0.030	0.050	0.080
	B	0.020	0.030	0.040	0.060	0.060	0.100	0.160

吸量管是具有分刻度的玻璃管，如图 2-19（b）、（c）、（d）所示。一般只用于量取小体积的溶液。常用的吸量管有 1mL、2mL、5mL、10mL 等规格，吸量管吸取溶液的准确度不如移液管。应该注意，有些吸量管其分刻度不是刻到管尖，而是离管尖尚差 1~2cm，如图 2-19（d）所示。

为了能正确使用移液管和吸量管，操作时应注意以下几点。

(1) 移液管和吸量管的润洗

移取溶液前，可用吸水纸将洗干净管的尖端内外水除去，然后用待吸溶液润洗三次。方法是：用左手持洗耳球，将食指或拇指放在洗耳球的上方，其余手指自然地握住洗耳球，用右手的拇指和中指拿住移液或吸量标线以上的部分，无名指和小指辅助拿住移液管，将洗耳球对准移液管口，如图 2-20 所示，将管尖伸入溶液或洗液中吸取，待吸液至球部的 1/4 处（注意，勿使溶液回流，以免稀释溶液）时，移出，荡洗、弃去。如此反复荡洗三次，润洗过的溶液应从尖口放出、弃去。荡洗这一步骤很重要，这可保证管内壁及有关部位与待吸溶液处于同一体系浓度状态。吸量管的润洗操作与此相同。

(2) 移取溶液

管经润洗后，移取溶液时，将管直接插入待吸液液面下约 1~2cm 处。管尖不应伸入太浅，以免液面下降后造成吸空；也不应伸入太深，以免移液管外部附有过多的溶液。吸液时，应注意容器中液面和管尖的位置，应使管尖随液面下降而下降。当洗耳球慢慢放松时，管中的液面徐徐上升，当液面上升至标线以上时，迅速移去洗耳球。与此同时，用右手食指堵住管口，左手改拿盛装待吸液的容器。然后，将移液管往上提起，使之离开液面，并将管的下端原伸入溶液的部分沿待吸液容器内部轻转两圈，以除去管壁上的溶液。然后使容器倾斜成约 30°，其内壁与移液管尖紧贴，此时右手食指微微松动，使液面缓慢下降，直到视线平视时弯月面与标线相切，这时立即用食指按紧管口。移开待吸液容器，左手改拿接收溶液的容器，并将接收容器倾斜，使内壁紧贴移液管尖，成 30°左右。然后放松右手食指，使溶液自然地顺壁流下，如图 2-21 所示。待液面下降到管尖后，等 15s 左右，移出移液管。这时，尚可见管尖部位仍留有少量溶液。对此，除特别注明"吹"（blow-out）字的以外，一般此管尖部位留存的溶液是不能吹入接收容器中的，因为在工厂生产检定移液管时是没有把这部分体积算进去的。必须指出，由于一些管尖口部位制作得不很圆滑，因此可能会使接收容器内壁与管尖部位接触方位不同而留存在管尖部位体积有大小的变化。为此，可在等 15s 后，将管身往左右旋动一下，这样管尖部分每次留存的体积将基本相同，不会导致平行测定时的过大误差。

用吸量管吸取溶液时，大体与上述操作相同。吸量管上常标有"吹"字，特别是 1mL 以下的吸量管尤其如此。对此，要特别注意。同时，吸量管中，如图 2-19（d）的形式，其分度刻到离管尖尚差 1~2cm，放出溶液时也应注意。实验中，要尽量使用同一支吸量管，以免带来误差。

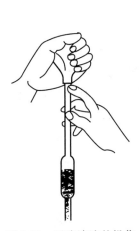

图 2-20　吸取溶液的操作　　　　图 2-21　放出溶液的操作

2.3　重量分析仪器及操作

重量分析法是分析化学重要的经典分析方法。沉淀重量分析法是利用沉淀反应，使待测物质转变成一定的称量形式后测定物质含量的方法。

2.3.1　滤纸及滤器

(1) 滤纸

分析化学实验中常用的有定量分析滤纸和定性分析滤纸两种。按过滤速度和分离性能的不同又可分为快速、中速和慢速三类。我国相关标准中对定量滤纸和定性滤纸产品规定的主要技术指标包括质量（单位 $g \cdot m^{-2}$）、分离性能（过滤沉淀物示例）、过滤速度、耐湿程度（对定量滤纸）、灰分、标志（盒外纸条）、圆形纸直径等。

定量滤纸又称为无灰滤纸，即其灰分很低。例如每张直径为 125nm 的定量滤纸的质量约 1g，灼烧后其灰分的质量不超过 0.1mg，在重量分析实验中，可以忽略不计。定性滤纸的质量不及定量滤纸，其他杂质的含量也比定量滤纸高，但价格比定量滤纸低。在分析化学实验中应根据实际需要，合理地选用滤纸。

(2) 烧结（多孔）滤器

这是一类通过高温烧结玻璃、石英、陶瓷、金属或塑料等材料的颗粒使之粘接在一起的方法所制造的微孔滤器，其中以玻璃滤器最为常用。

我国从 1990 年起对这类滤器开始执行新的国家标准（GB 11415—89）。其牌号的规定以每级孔径的上限前加以字母"P"表示。而过去使用多年的玻璃滤器的旧型号应注意与新型号的对照。例如分析化学实验中常用 P40（G3）和 P16（G4）号玻璃滤器，在过滤金属汞时用 G3 号，过滤 $KMnO_4$ 溶液时用 G4 号漏斗式，重量法测定镍时用 G4 号坩埚式过滤器。

新的滤器在使用前要经酸洗、抽滤、水洗、抽滤、晾干或烘干等处理。使用后的滤器也应及时清洗，因为滤器的滤片容易吸附沉淀物和杂质。清洗的原则是选用能分解或溶解残留物的洗涤液进行浸泡、抽滤，再用水清洗。

（3）漏斗及过滤操作

过滤用的玻璃漏斗锥体角度应为60°，颈的直径不能太大，一般应为3～5mm，颈长15～20cm，颈口处磨成45°角，如图2-22所示。漏斗的大小应与滤纸的大小相适应。应使折叠后滤纸的上缘低于漏斗上沿0.5～1cm，绝不能超出漏斗边缘。

滤纸一般按四折法折叠，折叠时，应先将手洗干净，揩干，以免弄脏滤纸。滤纸的折叠方法是先将滤纸整齐地对折，然后再对折，这时不要把两角对齐，如图2-23（a）；将其打开后成为顶角稍大于60°的圆锥体，如图2-23（b）所示。

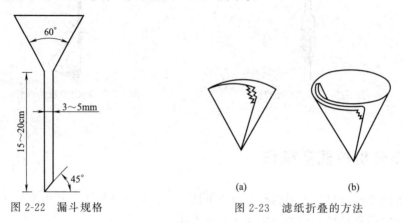

图2-22 漏斗规格　　　　　图2-23 滤纸折叠的方法

为保证滤纸和漏斗密合，第二次对折时不要折死，先把圆锥体打开，放入洁净而干燥的漏斗中，如果上边边缘不十分密合，可以稍稍改变滤纸折叠的角度，直到与漏斗密合为止。用手轻按滤纸，将第二次的折边折死，所得圆锥体的半边为三层，另半边为一层。然后取出滤纸，将三层厚的紧贴漏斗的外层撕下一角如图2-23（a）所示，保存于干燥的表面皿上，备用。

将折叠好的滤纸放入漏斗中，且三层的一边应放在漏斗出口短的一边。用食指按紧三层的一边，用洗瓶吹入少量水将滤纸润湿。然后，轻轻按滤纸边缘，使滤纸的锥体与漏斗间没有空隙（注意三层与一层之间处应与漏斗密合）。按好后，用洗瓶加水至滤纸边缘，这时漏斗颈内应全部被水充满，当漏斗中的水全部流尽后，颈内水柱仍能保留且无气泡。

若不形成完整的水柱，可以用手堵住漏斗下口，稍掀起滤纸三层的一边，用洗瓶向滤纸与漏斗间的空隙里加水，直到漏斗颈和锥体的大部分被水充满，然后按紧滤纸边，放开堵住出口的手指，此时水柱即可形成。

最后再用蒸馏水冲洗一次滤纸，然后将准备好的漏斗放在漏斗架上，下面放一洁净的烧杯承接滤液，使漏斗出口长的一边紧靠杯壁，漏斗和烧杯上均盖好表面皿，备用。

过滤一般分三个阶段进行。第一阶段采用倾泻法，尽可能地过滤清液，如图2-24所示；第二阶段是洗涤沉淀并将沉淀转移到漏斗上；第三阶段是清洗烧杯和洗涤漏斗上的沉淀。

图2-24 倾泻法过滤　　采用倾泻法是为了避免沉淀堵塞滤纸上的空隙，影响过滤速度。

待烧杯中沉淀下降以后,将清液倾入漏斗中。溶液应沿着玻璃棒流入漏斗中,而玻璃棒的下端对着滤纸三层厚的一边,并尽可能接近滤纸,但不能接触滤纸。倾入的溶液一般不要超过滤纸的 2/3,或离滤纸上边缘至少 5mm,以免少量沉淀因毛细管作用越过滤纸上缘,造成损失,且不便洗涤。暂停倾泻溶液时,烧杯应沿玻璃棒使其嘴向上提起,致使烧杯向上,以免使烧杯嘴上的液滴流失。

过滤过程中,带有沉淀和溶液的烧杯放置方法,应如图 2-25 所示,即在烧杯下放一块木头,使烧杯倾斜,以利于沉淀和清液分开,便于转移清液。同时玻璃棒不要靠在烧杯嘴上,避免烧杯嘴上的沉淀沾在玻璃棒上部而损失。倾泻法如一次不能将清液倾注完时,应待烧杯中沉淀下沉后再次倾注。倾泻法将清液完全转移后,应对沉淀做初步洗涤。洗涤时,用洗瓶每次约 10mL 洗涤液吹洗烧杯四周内壁,使沾附着的沉淀集中在杯底部,每次的洗涤液同样用倾泻法过滤。如此洗涤 3～4 次杯内沉淀。然后再加少量洗涤液于烧杯中,搅动沉淀使之混匀,立即将沉淀和洗涤液一起通过玻璃棒转移至漏斗上。再加入少量洗涤液于杯中,搅拌混匀后再转移至漏斗上。如此重复几次,使大部分沉淀转移至漏斗中。然后按图 2-26（a）所示的吹洗方法将沉淀吹洗至漏斗中。即用左手把烧杯拿在漏斗上方,烧杯嘴向着漏斗,拇指在烧杯嘴下方,同时,右手把玻璃棒从烧杯中取出横在烧杯口上,使玻璃棒伸出烧杯嘴约 2～3cm。然后用左手食指按住玻璃棒的较高部位,倾斜烧杯使玻璃棒下端指向滤纸三层一边,用右手以洗瓶吹洗整个烧杯壁,使洗涤液和沉淀沿玻璃棒流入漏斗中。如果仍有少量沉淀牢牢地沾附在烧杯壁上而吹洗不下来时,可将烧杯放在桌上,用沉淀帚［图 2-26（b）是一头带橡皮的玻璃棒］在烧杯内壁自上而下、自左至右擦拭,使沉淀集中在底部。再按图 2-26（a）操作将沉淀吹洗入漏斗上。对牢固地粘在杯壁上的沉淀,也可用前面折叠滤纸时撕下的滤纸角擦拭玻璃棒和烧杯内壁,将此滤纸角放在漏斗的沉淀上。

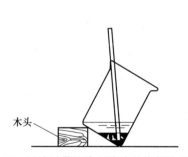

图 2-25 过滤时带沉淀和溶液的烧杯放置方法

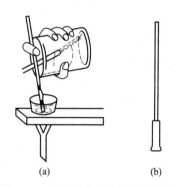

图 2-26 吹洗沉淀的方法和沉淀帚

经吹洗、擦拭后的烧杯内壁,应在明亮处仔细检查是否吹洗、擦拭干净,包括玻璃棒、表面皿、沉淀帚和烧杯内壁都要认真检查。

必须指出,过滤开始后,应随时检查滤液是否透明,如不透明,说明有穿滤。这时必须换另一洁净烧杯承接滤液,在原漏斗上将穿滤的滤液进行第二次过滤。如发现滤纸穿孔,则应更换滤纸重新过滤。而第一次用过的滤纸应保留。

(4) 沉淀的洗涤

图 2-27 沉淀的洗涤

沉淀全部转移到滤纸上后,应对它进行洗涤。其目的在于将沉淀表面所吸附的杂质和残留的母液除去。其方法如图 2-27 所示,即洗瓶的水流从滤纸的多重边缘开始,螺旋形地往下移动,最后到多重部分停止,称为"从缝到缝"。这样,可使沉淀洗得干净且可将沉淀集中到滤纸的底部。为了提高洗涤效率,应掌握洗涤方法的要领。洗涤沉淀时要少量多次,即每次螺旋形往下洗涤时,所用洗涤剂的量要少,便于尽快沥干,沥干后,再行洗涤。如此反复多次,直至沉淀洗净为止。这通常称为"少量多次"原则。

2.3.2 坩埚及烘干步骤

(1) 坩埚

最常用的是瓷坩埚。瓷坩埚可耐 1300℃,抗蚀性比玻璃器皿高。一般不可用于 NaOH、Na_2O_2、Na_2CO_3 等碱性物质熔融,因为这些物质易腐蚀瓷坩埚,并引入大量硅。当用于 Na_2O_2 熔融时,常在 550℃ 以下用半熔法分解试样。瓷坩埚的成分是硅酸盐,易被碱、氢氟酸、盐酸、磷酸溶液腐蚀。瓷坩埚适用于 $K_2S_2O_7$ 等酸性物质熔融样品,一般可用稀盐酸煮沸洗净。

此外,常用的还有石英坩埚,主要化学成分为 SiO_2,除氢氟酸和热磷酸以外一般不与其他的酸作用,易与苛性碱及碱金属的碳酸盐作用,特别在高温下对石英坩埚损坏更严重,但对于其他的化学物质则比较稳定。

石英坩埚的热稳定性很好,1700℃ 以下不软化也不挥发,在 1100~1200℃ 之间开始变成不透明状而失掉机械强度,因此使用时必须严格控制在该温度下。石英坩埚适用于 $K_2S_2O_7$、$KHSO_4$ 熔融样品和用 $Na_2S_2O_3$ 熔剂处理样品。清洗时除 HF 外,普通稀的无机酸均可作清洗液。使用时应特别小心,石英质脆、易破。

(2) 烘干、炭化、灰化步骤

滤纸和沉淀的烘干通常在煤气灯上或电炉上进行。操作步骤是用扁头玻璃棒将滤纸边挑起,向中间折叠,将沉淀盖住。如图 2-28 所示。再用玻璃棒轻轻转动滤纸包,以便擦净漏斗内壁可能沾有的沉淀。然后,将滤纸包转移至已恒重的坩埚中,将它倾斜放置,使多层滤纸部分朝上,以利于烘烤。坩埚的外壁和盖先用蓝黑墨水或 $K_4[Fe(CN)_6]$ 溶液编号。烘干时,盖上坩埚盖,但不要盖严,如图 2-29(a)所示。

图 2-28 沉淀的包裹

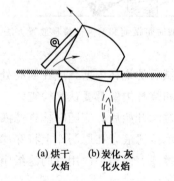

(a) 烘干火焰　(b) 炭化、灰化火焰

图 2-29 沉淀和滤纸在坩埚中烘干、炭化和灰化的火焰位置

炭化是将烘干后的滤纸烤成炭黑状。灰化是使呈炭黑状的滤纸灼烧成灰。炭化和灰化的灼烧方法如图 2-29（b）所示。烘干、炭化、灰化应由小火到强火，一步一步完成，不能着急，不要使火焰加得太大。炭化时如遇滤纸着火，可立即用坩埚盖盖住，使坩埚内的火焰熄灭（切不可用嘴吹灭）。着火时，不能置之不理而让其燃尽，这样易使沉淀随大气流飞散损失。待火熄灭后，将坩埚盖移至原来位置，继续加热至全部炭化（滤纸变黑）直至灰化。

2.3.3 马弗炉、干燥器及灼烧步骤

(1) 马弗炉

马弗炉又称高温电炉，分析实验中用于灼烧沉淀、灰分测定、熔融试样等，常用温度为 960℃，最高使用温度为 1000℃，此炉加热室用耐火材料碳化硅、氧化镁、氧化铝等制成，电热丝为镍铬合金丝，炉门紧闭，开关方便，使用时需配备自动定温控制器和热电偶，以便控制温度。

自动定温控制器有一个电子管高频振荡电路，其中的储能线圈由于耦合储电器的适当配合，使其固定于某一振荡频率，储能线圈附有定温指标，并有大型热电偶温度计，明确指示电炉的温度。其指针上有一金属小旗，当炉温升到所需的温度，温度指标的小旗能与储能线圈相耦合时，振荡电流随即停止，电子管板极电流因之变化，令其操纵一个极灵敏的继电器，再以此控制一强力继电器来切断电热丝的电流，使温度不再上升；当温度下降时，指针的小旗能与储能线圈失去耦合，电子管又恢复振荡，被控制的强力继电器也同时恢复通过电炉的电流，炉温又可渐升。如此用电流的断续，达到自动保持一定温度的目的。

使用方法：

① 将控制器后面的固定插座与电炉相接，控制器后的插头与 220V 交流电源相接，电源外路另接闸刀开关及保险丝等装置，电炉外层接好地线，以保安全。

② 热电偶插入电炉中，热电偶的两条连接线分别接在控制器上的红（＋）、黑（－）接线柱上。

③ 使用时，开启电源开关，红色指示灯亮，表示炉内已通电流，把定温控制器上的控制键调至所需的温度，即可自动定温。当温度逐渐上升，直至温度指示针上升到定温指示针上时，红灯熄灭，表示工作正常进行。

④ 使用中途欲改变所定温度，如自低变高，则需捻动控制键，使定温指示向右移至欲定温度读数上，高温计读数即可继续上升。如欲由高变低，则需先将电源切断，高温计读数下降至新预定的读数以下时，可旋动控制键，使定温指标向左移至新预定温度读数上，然后再接通电源，此点千万注意。

⑤ 使用完毕，把控制器上"电源开关"拨向"关"的位置，把总电源闸刀拉开。

(2) 干燥器的使用

使用干燥器时，首先将干燥器擦干净，烘干多孔瓷板，然后将干燥剂通过一纸筒装入干燥器的底部，如图 2-30 所示。应避免干燥剂沾污内壁的上部。然后盖上瓷板。

干燥剂一般用变色硅胶。此外还可用无水氯化钙等。由于各种干燥剂吸收水分的能力都是有一定限度的，因此干燥器中的空气并不是绝对干燥，而只是湿度相对降低而已。所以灼烧和干燥后的坩埚和沉淀，在干燥器中放置过久，会使质量增加，这点须注意。

干燥器盛装干燥剂后，应在干燥器的磨口上涂上一层薄而均匀的凡士林油，再盖上干燥器盖。

开启干燥器时，左手按住干燥器的下部，右手按住盖子上的圆顶，向左前方推开器盖，如图 2-31 所示。盖子取下后应拿在右手中，用左手放入（或取出）坩埚（或称量瓶），及时盖上干燥器盖。盖子取下后，也可放在桌上安全的地方（注意要磨口向上，圆顶朝下）。加盖时，也应当拿住盖上圆顶，推着盖好。

当坩埚等放入干燥器时，一般应放在瓷板圆孔内。若坩埚等热的容器放入干燥器后，应连续推开干燥器 1~2 次。

搬动或挪动干燥器时，应该用两手的拇指同时按住盖，防止滑落打破。如图 2-32 所示。

图 2-30　装入干燥剂的方法

图 2-31　开启干燥器的操作

图 2-32　搬动干燥器的操作

(3) 灼烧步骤

沉淀和滤纸灰化后，将坩埚移入高温炉（马弗炉）中（根据沉淀性质调节适当温度），盖上坩埚盖，但留有空隙。在与灼烧空坩埚时相同温度下，灼烧 40~45min，与空坩埚灼烧操作相同，取出，冷却至室温，称重。然后进行第二次、第三次灼烧，直至坩埚和沉淀恒重为止。一般第二次以后的灼烧 20min 即可。所谓恒重，是指相邻两次灼烧后的称量差值不大于 0.4mg。

从高温炉中取出坩埚时，将坩埚移至炉口，至红热稍退后，再将坩埚从炉中取出放在洁净瓷板上。在夹取坩埚时，坩埚钳应预热。待坩埚冷至红热退去后，再将坩埚转至干燥器中。放入干燥器后，盖好盖子，随后须启动干燥盖 1~2 次。

在干燥器内冷却时，原则是冷却至室温，一般需 30min 左右。但要注意，每次灼烧、称重和放置的时间都要保持一致。

空坩埚的恒重方法和灼烧温度，均与灼烧沉淀时相同。坩埚与沉淀的恒重质量与空坩埚的恒重质量之差，即为沉淀的质量。现在，生产单位常用一次灼烧法，即先称恒重后带沉淀的坩埚的质量（称为总质量），然后，用毛笔刷去沉淀，再称出空坩埚的质量，用差减法即可求出沉淀的质量。

2.4　酸度计

2.4.1　酸度计简介

酸度计是对溶液中氢离子活度产生选择性响应的一种电化学传感器。在理论上，溶液酸度可以这样测得：以参比电极、指示电极和溶液组成工作电池，测量出电池的电动势。以已知酸度标准缓冲溶液 pH 值为基准，比较标准缓冲溶液所组成的电池电动势和待测试液组成的电动势、从而得出待测试液的 pH 值。

酸度计由电极和电动势测量两部分组成。电极用来与试液组成工作电池；电动势测量部分则将电池产生的电动势进行放大和测量，最后显示出溶液的 pH 值。多数酸度计还有毫伏测量挡，可直接测量电极电位。如果配上合适的离子选择性电极，还可以测量溶液中某一种离子的浓度（活度）。

酸度计通常以玻璃电极为指示电极，饱和甘汞电极为参比电极。玻璃电极（图 2-33）的下端是一玻璃球泡，球泡内装有一定 pH 值的内标准缓冲溶液，电极内还装有一个银-氯化银电极作为内参比电极，玻璃电极的电极电位随溶液 pH 值的变化而变化。饱和甘汞电极（图 2-34）是由汞、甘汞（Hg_2Cl_2）和饱和氯化钾溶液组成，其电极电位稳定，不随溶液 pH 值的变化而改变。当玻璃电极与饱和甘汞电极以及待测溶液组成工作电池时，在 25℃下所产生的电池电动势为：$E = K' + 0.059 \text{pH}$。

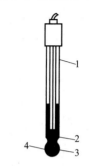

图 2-33 玻璃电极
1—玻璃外壳；2—Ag-AgCl 电极；
3—含 Cl^- 的缓冲溶液；4—玻璃薄膜

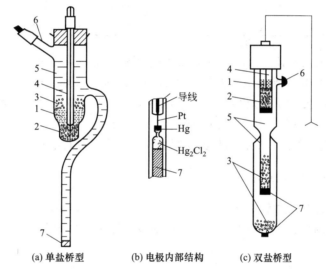

(a) 单盐桥型　(b) 电极内部结构　(c) 双盐桥型

图 2-34 饱和甘汞电极
1—汞；2—汞＋甘汞；3—KCl 晶体；4—内电极；5—饱和氯化钾溶液；6—加液口；7—多孔性物质

用于对酸度计进行校正的 pH 标准溶液，应保证其 pH 值稳定不变，一般采用缓冲溶液，即 pH 标准缓冲溶液。我国目前使用的几种 pH 标准缓冲溶液在不同温度下的 pH 值列于表 2-5。标准缓冲溶液须保存在盖紧的玻璃瓶或塑料瓶中（硼砂溶液应保存在塑料瓶中）。一般几周内可保持 pH 值稳定不变，低温保存可延长使用寿命。在电极浸入 pH 标准缓冲溶液之前，玻璃电极与甘汞电极应用蒸馏水充分冲洗，并用滤纸轻轻吸干，以免标准缓冲溶液被稀释或沾污。pH 标准缓冲溶液在稳定期内可多次使用。如果变质浑浊，则应弃去。

在使用酸度计测 pH 值时，一般只要有酸性、近中性和碱性三种标准就可以了。应选用与待测溶液 pH 值相近的 pH 标准缓冲溶液来校正酸度计，这样可以减小测量误差。

表 2-5　不同温度下标准缓冲溶液的 pH 值

$t/℃$	0.05mol·L^{-1} 四草酸钾	饱和酒石酸氢钾	0.05mol·L^{-1} 邻苯二甲酸氢钾	0.05mol·L^{-1} 磷酸二氢钾和磷酸氢二钠	0.01mol·L^{-1} 四硼酸钠
0	1.67	—	4.01	6.98	9.40
5	1.67	—	4.01	6.95	9.39
10	1.67	—	4.00	6.92	9.33
15	1.67	—	4.00	6.90	9.27
20	1.68	—	4.00	6.88	9.22
25	1.69	3.56	4.01	6.86	9.18
30	1.69	3.55	4.01	6.84	9.14
35	1.69	3.55	4.02	6.84	9.10
40	1.70	3.54	4.03	6.84	9.07
45	1.70	3.55	4.04	6.83	9.04
50	1.71	3.55	4.06	6.83	9.01
55	1.72	3.56	4.08	6.84	8.99
60	1.73	3.57	4.10	6.84	8.96

目前广泛应用的是直读式酸度计（电位计式少用），它实际上是一台高输入阻抗的直流毫伏计。测出的电池电动势经阻抗变换后进行直流放大，带动电表直接显示出溶液的 pH 值。目前，国产的酸度计型号繁多，精度不同（如 pHS-25 型酸度计的测量精度为 0.1pH 或 10mV，pHS-2 型酸度计为 0.02pH 或 2mV，pHS-3C 型数字式酸度计为 0.01pH 或 1mV），使用方法也有差异，应按照仪器所附的使用说明书进行操作。

2.4.2　pHS-2 型酸度计

pHS-2 型酸度计是一种较为精密的高阻抗输入的直流毫伏计，这是用电位法测量溶液中氢离子浓度常用的仪器。pHS-2 型酸度计的面板结构如图 2-35 所示。

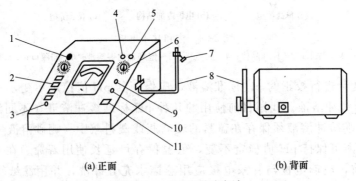

(a) 正面　　　　　　　　(b) 背面

图 2-35　pHS-2 型酸度计

1—指示灯；2—按键；3—零点调节器；4—接线柱；5—电极插口；6—分挡开关；7—电极夹子；
8—电极杆；9—校正调节器；10—定位调节器；11—读数开关

① 电极安装　先把电极夹 7 夹在电极杆 8 上，然后将玻璃电极夹在夹子上，玻璃电极的插头插在电极插口 5 内，并将小螺钉旋紧。甘汞电极夹在另一夹子上，甘汞电极引线连接在

接线柱 4 上。使用时应把上面的小橡皮塞和下端橡皮塞拔去，以保持液位压差，不用时要将其套上。

② 校正　如要测量 pH 值，先按下按键 2，读数开关 11 保持不按下状态，左上角指示灯 1 应亮。为保持仪表稳定，测量前要预热半小时以上。

a. 用温度计测量被测溶液的温度。

b. 调节温度补偿器到被测溶液的温度值。

c. 将分挡开关 6 放在"6"，调节零点调节器 3 使指针在 pH"1.00"上。

d. 将分挡开关"6"放在"校"位置，调节校正调节器 9 使指针指在满刻度。

e. 将分挡开关 6 放在"6"位置上，重复检查 pH"1.00"位置。

f. 重复 c 和 d 两个步骤。

③ 定位　仪器附有三种标准缓冲溶液（pH 为 4.00、6.86、9.20），可选用一种与被测溶液的 pH 值较接近的缓冲溶液对仪器进行定位。仪器定位操作如下。

a. 向烧杯内倒入标准缓冲溶液，按溶液温度查出该温度时溶液的 pH 值。根据这个数值，将分挡开关 6 放在合适的位置上。

b. 将电极插入缓冲溶液，轻轻摇动，按下读数开关 11。

c. 调节定位调节器 10 使指针在缓冲溶液的 pH 值（分挡开关上的指示数加表盘上的指示数）至指针稳定为止，重复调节定位调节器。

d. 开启读数开关，将电极上移，移去标准缓冲溶液，用蒸馏水清洗电极头部，并用滤纸将水吸干。这时，仪器已定好位，后面测量时，不得再动定位调节器。

④ 测量

a. 放上盛有待测溶液的烧杯，移下电极，将烧杯轻轻摇动。

b. 按下读数开关 11，调节分挡开关 6，读出溶液的 pH 值。如果指针超出左面刻度，则应减少分挡开关的数值。如指针超出右面刻度，应增加分挡开关的数值。

c. 重复读数，待读数稳定后，放开读数开关，移走溶液，用蒸馏水冲洗电极，将电极保存好。

d. 关上电源开关，套上仪器罩。

2.4.3　pHS-3C 型酸度计

pHS-3C 型酸度计是一种精密数字显示 pH 计，其测量范围宽，重复性误差小。pHS-3C 型酸度计的面板结构如图 2-36 所示。

测量溶液 pH 值时，按下述操作进行。

① 电极安装　电极梗 14 插入电极架插座，电极夹 15 夹在电极梗 14 上，复合电极 16 夹在电极夹 15 上，拔下电极 16 前段的电极套 17，用蒸馏水清洗电极，再用滤纸吸干电极底部的水分。

② 开机　将电源线 18 插入电源插座 13，按下电源开关 12。电源接通后，预热 30min，接着进行标定。

③ 标定　将选择旋钮 7 调到 pH 挡；调节温度旋钮 4，使旋钮白线对准溶液温度值，把斜率调节旋钮 5 顺时针旋到底，把清洗过的电极插入 pH 6.86 的标准缓冲溶液中，调节定位调节旋钮，使仪器显示读数与该缓冲溶液的 pH 值一致。用蒸馏水清洗电极，再用 pH 4.00 或 9.18 的标准缓冲溶液重复操作，调节斜率调节旋钮到 pH 4.00 或 9.18，直至不用再调节定位或斜率两调节旋钮为止。至此，完成仪器的标定。

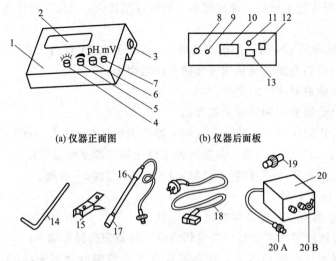

(a) 仪器正面图　　(b) 仪器后面板

(c) 仪器配件

图 2-36　pHS-3C 酸度计示意图及仪器配件

1—前面板；2—显示屏；3—电极梗插座；4—温度补偿调节旋钮；5—斜率补偿调节旋钮；
6—定位调节旋钮；7—选择旋钮（pH 或 mV）；8—测量电极插座；9—参比电极插座；
10—铭牌；11—保险丝；12—电源开关；13—电源插座；14—电极梗；15—电极夹；
16—E-201-C 型塑壳可充式 pH 复合电极；17—电极套；18—电源线；
19—Q9 短路插头；20—电极插转换器；20A—转换器插头；20B—转换器插座

④ 测量溶液的 pH 值　用蒸馏水清洗电极头部，用滤纸吸干，将电极浸入被测溶液中，用玻璃棒搅拌溶液，使溶液均匀，在显示屏上读出溶液的 pH 值。若被测溶液与定位溶液的温度不同时，则先调节"温度"调节旋钮 4，使白线对准被测溶液的温度值，再将电极插入被测溶液中，读出该溶液的 pH 值。

2.5　分光光度计

吸光光度法是根据物质对光的选择性吸收而进行分析的方法。吸光光度法的理论基础是光的吸收定律——朗伯-比尔定律，其数学表达式为：$A=Kbc$。朗伯-比尔定律的物理意义是，当一束平行单色光垂直通过某溶液时，溶液的吸光度 A 与吸光物质的浓度 c 及液层厚度 b 成正比。当溶液厚度 b 以 cm、吸光物质浓度 c 以 $mol \cdot L^{-1}$ 为单位时，系数 K 就以 ε 表示，称为摩尔吸收系数。此时朗伯-比尔定律表示为：$A=\varepsilon bc$，摩尔吸收系数 ε 的单位为 $L \cdot mol^{-1} \cdot cm^{-1}$。

吸光光度法具有较高的灵敏度和一定的准确性，特别适于微量组分的测量。本法还具有操作简便、快速、适用范围广等特点，在分析化学中占有重要的地位。

吸光光度法使用的仪器，主要由图 2-37 中所示五部分组成。

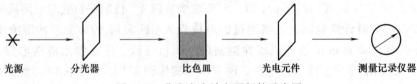

图 2-37　分光光度计主要部件示意图

下面简单介绍在可见光区使用的 721 型和 722 型分光光度计的结构和使用方法。

2.5.1 721 型分光光度计

(1) 结构

721 型分光光度计与 722 型分光光度计相比较,结构上有了很大的改进。它用体积很小的晶体管稳压电源代替了笨重的磁饱和稳压器。用真空光电管代替硒光电池。放大器以结型场效应管 3DJ6F(BG$_{12}$)作为输入极,发挥了其高输入阻抗、低噪声的优点。放大后的微电流推动指针式微安表,以此代替了体积较大且容易损坏的灵敏悬镜式光电检流计。由于整机系统的改进,体积减小,并且稳定性和灵敏度都有所提高。仪器结构示意见图 2-38。

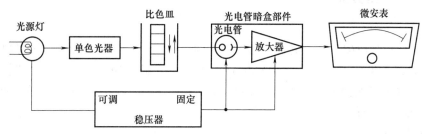

图 2-38　721 型分光光度计结构示意图

仪器采用钨丝灯作光源,玻璃棱镜为单色器。单色光经比色皿内溶液射到光电管上,产生光电流,经放大器放大后可直接在微安表上读出吸光度或透光率。

仪器的外形见图 2-39。在比色皿暗盒的右侧,装有一套光门部件,暗盒盖打开后,其顶杆露出盒边小孔,依靠比色皿暗盒盖的关与开,使光门相应开启或关闭。

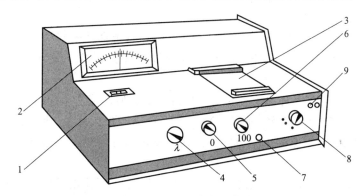

图 2-39　721 型分光光度计

1—波长读数器;2—电表;3—比色皿暗盒盖;4—波长调节;5—"0"透光率调节;
6—"100%"透光率调节;7—比色皿架拉杆;8—灵敏度选择;9—电源开关

(2) 使用方法

① 在仪器尚未接通电源时,电表的指针必须位于"0"刻线上,若不在零位,则调节电表上零点校正螺钉,使指针至"0"。

② 打开比色皿暗盒盖以关闭光门,接通 220V 电源,打开电源开关,预热仪器 20min。

③ 将波长调节旋钮调至所需波长,将灵敏度选择预置于"1"挡。

④ 用"0"透光率调节旋钮将仪器调节在透光率"0"处,常称此操作为调节机械零点。

⑤ 将装有溶液的比色皿放入比色皿架中。盖上比色皿暗盒盖,此时光路开启。让参比

溶液置于光路上，用"100%"透光率调节旋钮使电表指针指在透光率100%位置（即 $A=0.00$）。

⑥ 重复几次打开、关上比色皿暗盒盖，反复调整透光率"0"和"100%"，待指示稳定后，方可开始测量。

⑦ 将待测溶液推入光路，读取吸光度。读数后将比色皿暗盒盖打开。

⑧ 每当改变波长测量时，必须重新校正透光率"0"和"100%"。

⑨ 仪器使用完毕后，取出比色皿，洗净，晾干。关闭电源开关，拔下电源插头，复原仪器（短时间停用仪器，不必关闭电源，只需打开比色皿暗盒盖）。

2.5.2　722型分光光度计

(1) 简介

722型光度计是以碘钨灯为光源、衍射光栅为色散元件、端窗式光电管为光电转换器的单光束、数显式可见分光光度计。波长为330～800nm，波长精度为±2nm，波长重现性为0.5nm，单色光的带宽为6nm，吸光度的显示范围为0～1.999，吸光度的精确度为0.004（在 $A=0.5$ 处），试样架可置4个吸收池。

(2) 使用方法

① 仪器预热　打开样品室盖（光门自动关闭），开启电源，指示灯亮，仪器预热20min。选择开关置于"T"旋钮，使数字显示为"00.0"。

② 旋动波长手轮，把所需波长对准刻度线。

③ 将装有溶液的比色皿放置于比色皿架中，令参比溶液置于光路。

④ 盖上样品室盖，调节透光率"100%T"旋钮，使数字显示为"100.0T"。（如显示不到100%T，则可加按一次。

⑤ 吸光度 A 的测量　仪器调 T 为 0 和 100%后，将选择开关转换至 A 调零旋钮，数字显示应为".000"。然后拉出拉杆，使被测溶液置入光路，数字显示值即为试样的吸光度 A。

⑥ 测定完毕后，先打开样品室盖，再断电源。比色皿应清洗干净后，再储放保存。

⑦ 浓度直读　按 MODE 键，使 CONC 指示灯亮，将已标定浓度的溶液移入光路，按下溶液调节键（↑100%T键的↓0%键），使数字显示为标定值，将被测溶液移入光路，即读出相应浓度值。

⑧ 仪器数字显示背后，装有接线柱，按下 FUNC 键，可输出模拟信号。

注意事项：

① 分光光度计必须放置在固定而且不受振动的仪器台上，不能随意搬动，严防振动、潮湿和强光直射。

② 比色皿盛液量以达到杯容积 2/3 左右为宜。若不慎将溶液流到比色皿的外表面，则必须先用滤纸吸干，再用擦镜纸擦净。

③ 不可用手拿比色皿的光学面，禁止用毛刷等物摩擦比色皿的光滑面。

④ 用完比色皿后应立即用自来水冲洗，再用蒸馏水洗净。若用上法洗不净时，可用5%的中性皂溶液或洗衣粉稀释浸泡，也可用新配制的重铬酸钾-硫酸洗液短时间浸泡，之后立即用水冲洗干净。洗涤后把比色皿倒置晾干或用滤纸将水吸去，再用擦镜纸轻轻揩干。

⑤ 一般应把溶液浓度尽量控制在吸光度值0.1～0.7的范围内进行测定。这样所测得的

读数误差较小。如吸光度不在此范围内，可调节比色液浓度，适当稀释或加浓，使其在仪器准确度较高的范围内进行测定。

⑥ 仪器连续使用时间不应超过 2h，每次使用后需要间歇半小时以上才能再用。

⑦ 每套分光光度计上的比色皿及比色皿槽不得随意更换。

⑧ 分光光度计内放有硅胶干燥袋，需定期更换。

将一组数据正确地用图形表示出来，通常包括以下几个步骤。

① 选择合适的坐标纸　在吸光光度分析中最常用的是直角坐标纸。

② 坐标的确定　通常横坐标 x 轴代表实验误差较小、便于测量和控制的自变量，例如标准溶液的体积、浓度、入射光的波长等。以纵坐标 y 轴代表因变量，例如溶液的吸光度等。

③ 坐标比例尺的选择

a. 要能表示全部有效数字，以便从图形上求出的各量的准确度与测量的准确度相适应。

b. 图纸每小格所对应的数值应便于迅速简便地读数，便于计算，如用 1、2、4、5 等。

c. 横坐标与纵坐标数据单位比例合适，使得图形与全幅坐标纸相适应。若是一直线图形，使直线与横坐标夹角在 45°左右。

④ 画坐标轴　在纵轴的左面和横轴的下面，注明该轴所代表的定量分析基本操作变量的名称和单位，并每隔一定距离写下该处变量应有的标度，以便作图及读数。但不要将分析数据写在轴旁。横坐标读数自左到右，纵坐标读数自下而上。

⑤ 根据测量得的数据描点　可用空心小圆"。"或实心"·"符号标出。为了易于区分，还可用不同的符号如"×"、"+"、"△"等来表示。为便于相互比较，可把各种数据绘于同一图上。标记的中心应与数据的坐标重合。

⑥ 连曲线或直线绘图　按所描点的分布情况，作光滑连续曲线或直线。该线表示实验点的平均变动情况，因此该线不需全部通过各点，尽可能使未落在该线上的其余各实验点均匀分布在曲线或直线两侧邻近即可。

第3章 基础实验

实验1 滴定分析操作练习

【实验目的】

1. 掌握滴定管、移液管等玻璃仪器的洗涤和使用方法。
2. 通过练习滴定操作，初步掌握甲基橙、酚酞指示剂终点的确定。

【实验原理】

强酸强碱反应 $NaOH+HCl \rightleftharpoons NaCl+H_2O$，化学计量点时的 pH 值为 7.0，滴定的突跃范围 pH 4.3～9.7，选用突跃范围内变色的指示剂，可保证测定有足够的准确度。甲基橙的 pH 变色范围：3.1～4.4；酚酞的 pH 变色范围：8.0～9.6。

HCl 溶液与 NaOH 溶液相互滴定时，采用同一种指示剂指示终点，不断改变被滴定溶液的体积，则滴定剂的用量也随之变化，但反应的体积之比应是一定的。因此在不知道 HCl 和 NaOH 溶液准确浓度的情况下，通过计算 V_{HCl}/V_{NaOH} 的精密度，可检查对滴定操作和判断终点的掌握情况。

【主要试剂】

1. 浓 HCl（分析纯）。
2. NaOH 试剂（分析纯）。
3. 甲基橙溶液（$1g \cdot L^{-1}$）。
4. 酚酞溶液（$2g \cdot L^{-1}$）。

【实验步骤】

1. 酸碱溶液的配制

(1) $0.1 mol \cdot L^{-1}$ HCl 量取浓 HCl 5mL 倒入装有约 100mL 蒸馏水的烧杯中，搅拌后，转入试剂瓶中，用水稀释至 500mL，盖上玻璃塞，摇匀。

(2) $0.1 mol \cdot L^{-1}$ NaOH 称取 NaOH 固体 2g 于 250mL 烧杯中，加入蒸馏水，搅拌溶解后，转入试剂瓶中，用水稀释至 500mL，用橡皮塞塞好瓶口，摇匀。

2. 酸碱溶液的相互滴定

(1) 用 $0.1 mol \cdot L^{-1}$ HCl 溶液润洗酸式滴定管 3 次，每次 5～10mL。然后将 HCl 溶液装入酸式滴定管中，管中液面调至 0.00mL 刻度。

(2) 用 $0.1 mol \cdot L^{-1}$ NaOH 溶液润洗碱式滴定管 3 次，每次 5～10mL。然后将 NaOH 溶液装入碱式滴定管中，管中液面调至 0.00mL 刻度。

(3) 由碱式滴定管中放出 NaOH 溶液约 20mL 于 250mL 锥形瓶中，加入甲基橙指示剂

1滴，用 0.1mol·L^{-1} HCl 溶液滴定至溶液由黄色变为橙色。练习过程中不断补充 NaOH 和 HCl，反复进行，直至操作熟练及能准确判断终点颜色。

（4）由碱式滴定管中准确放出 NaOH 溶液 20～22mL 于 250mL 锥形瓶中，加入甲基橙指示剂 1 滴，用 0.1mol·L^{-1} HCl 溶液滴定至溶液由黄色变为橙色，记录读数，平行滴定 3 次，计算 V_{HCl}/V_{NaOH}（要求相对偏差的绝对值≤0.3%）。

（5）用移液管吸取 20.00mL 0.1mol·L^{-1} HCl 溶液于 250mL 锥形瓶中，加入酚酞指示剂 1 滴，用 0.1mol·L^{-1} NaOH 溶液滴定至溶液呈微红色，且 30s 内不褪色即为终点。平行滴定 3 次（要求 NaOH 溶液体积极差≤0.04mL）。

【思考题】

1. 配制 NaOH 溶液时，应选用何种天平称取试剂？为什么？
2. HCl 和 NaOH 溶液能直接配制准确浓度吗？为什么？
3. 在滴定分析实验中，滴定管和移液管为何需用滴定剂和待移取的溶液润洗几次？锥形瓶是否也要用滴定剂润洗？

实验 2　食用醋中总酸度的测定

【实验目的】

1. 掌握分析天平的正确使用。
2. 掌握 NaOH 标准溶液的标定方法及保存要点。
3. 掌握强碱滴定弱酸的滴定过程及指示剂的选择。
4. 学习食用醋中总酸度的测定及表示方法。

【实验原理】

食用醋的有效成分是醋酸（乙酸，HAc），此外还含有少量其他弱酸如乳酸等。HAc 的 $K_a = 1.8 \times 10^{-5}$，可直接用 NaOH 标准溶液滴定，其反应式是：

$$NaOH + HAc = NaAc + H_2O$$

化学计量点的 pH 值约为 8.7，应选用酚酞等碱性范围内变色的指示剂。滴定时，不仅 HAc 与 NaOH 反应，食用醋中可能存在的其他各种形式的酸也与 NaOH 反应，故滴定所得为总酸度，以 ρ_{HAc}（$g \cdot L^{-1}$）表示。

NaOH 易吸收水分及空气中的 CO_2，因此不能用直接法配制标准溶液。需要先配成近似浓度的溶液（通常为 $0.1 mol \cdot L^{-1}$），然后用基准物质标定。邻苯二甲酸氢钾和草酸常用作标定碱的基准物质。邻苯二甲酸氢钾易制得纯品，在空气中不吸水，容易保存，摩尔质量大，是一种较好的基准物质。标定 NaOH 的反应式为：

$$KHC_8H_4O_4 + NaOH = KNaC_8H_4O_4 + H_2O$$

【主要试剂】

1. NaOH 试剂（分析纯）。
2. 酚酞指示剂 $2 g \cdot L^{-1}$ 乙醇溶液。
3. 邻苯二甲酸氢钾（$KHC_8H_4O_4$）基准物质（在 100～125℃ 干燥 1h 后，置于干燥器中备用）。

【实验步骤】

1. $0.1 mol \cdot L^{-1}$ NaOH 标准溶液的配制和标定

（1）称取 NaOH 固体 2g 于 250mL 烧杯中，加入蒸馏水，搅拌溶解后，转入试剂瓶中，用水稀释至 500mL，用橡皮塞塞好瓶口，摇匀 [这种配制方法较为方便，但不严格。市售的 NaOH 常因吸收 CO_2 产生少量 Na_2CO_3，在分析结果中产生误差，如严格要求，应设法除去 CO_3^{2-}，如在溶解前先用蒸馏水漂洗 NaOH 固体，或者用塑料管吸取 4.5mL 左右饱和 NaOH 溶液（50%）于试剂瓶中，加水稀释至 500mL，盖上橡皮塞，摇匀]。

（2）标定　用差减法准确称取 0.4～0.45g $KHC_8H_4O_4$ 三份，分别置于 250mL 锥形瓶中，加入 20～30mL 蒸馏水溶解后，加 1 滴酚酞指示剂，用待标定的 NaOH 溶液滴定至溶液呈微红色且 30s 内不褪色即为终点。计算 NaOH 溶液的浓度和标定结果的相对偏差。

2. 食醋总酸度的测定

准确吸取食用醋 25.00mL 于 250mL 容量瓶中，蒸馏水稀释至刻度，摇匀。用移液管吸取上述试液 20.00mL 于锥形瓶中，加入约 25mL 蒸馏水，1 滴酚酞指示剂，用 NaOH 标准溶液滴定至溶液呈微红色且 30s 内不褪色即为终点。根据 NaOH 标准溶液的用量，计算食醋总酸度。

【思考题】

    1. 标定 NaOH 标准溶液的基准物质常用的有哪几种？本实验选用的基准物质是什么？与其他基准物质相比较，有什么显著的优点？

    2. 称取 NaOH 和 $KHC_8H_4O_4$ 各用什么天平？为什么？

    3. 配制 NaOH 标准溶液时，为什么采用吸取适量饱和 NaOH 溶液稀释来配制？

    4. 测定食用白醋含量时，为什么选用酚酞为指示剂？能否选用甲基橙或甲基红为指示剂？

实验 3 磷酸的电位滴定

【实验目的】

1. 掌握酸度计测量溶液 pH 值的操作要点。
2. 了解电位滴定法的基本原理。
3. 学习 NaOH 滴定磷酸的数据处理。

【实验原理】

NaOH 滴定多元弱酸 H_3PO_4 时,滴定分步进行,由于 $pK_{a2} - pK_{a1} > 5$,被滴定到 $H_2PO_4^-$ 时,出现第一突跃;$pK_{a3} - pK_{a2} > 5$,滴定到 HPO_4^{2-} 时,出现第二突跃;因 $cK_{a3} < 10^{-8}$,HPO_4^{2-} 不能继续被准确滴定。用"三切线法"作图,根据第一滴定终点消耗的 NaOH 体积 (V_1),可求得磷酸的浓度,即 $c_{H_3PO_4} = c_{NaOH} V_1 / V_{H_3PO_4}$。

以滴定体积 V_{NaOH} 为横坐标,相应的溶液的 pH 值为纵坐标,绘制 NaOH 滴定 H_3PO_4 的滴定曲线,曲线上呈现出两个滴定突跃,以"三切线法"作图,可以较准确地确定两个突跃范围内各自的滴定终点,即在滴定曲线两端平坦转折处作 AB 及 CD 两条切线,在"突跃部分"作 EF 切线与 AB、CD 两线相交于 Q、P 两点,在 P、Q 两点作 PG、QH 两条线平行于横坐标。然后在此两条线之间作垂直线,在垂线一半的 J 点处,作 JJ′线平行于横坐标,J′点成为拐点,即为滴定终点。此 J′点投影于 pH 值与 V 坐标上分别得到滴定终点时的 pH 值和滴定剂的体积 V,见图 3-1。

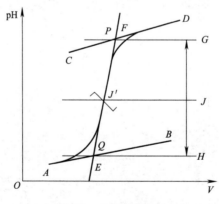

图 3-1 三切线法作图

【主要仪器和试剂】

1. pHS-3C 型酸度计及配套电极。
2. 电磁搅拌器。
3. NaOH 标准溶液 (0.1mol·L^{-1})。
4. H_3PO_4 溶液 (0.1mol·L^{-1}):量取 7mL 原装 H_3PO_4 加水稀释至 1L,充分摇匀,存放在试剂瓶中。
5. 标准缓冲溶液为 0.025mol·L^{-1} KH_2PO_4 与 0.025mol·L^{-1} Na_2HPO_4 的混合溶液,

pH 值为 6.86（25℃）。

6. 甲基橙指示剂（$2g·L^{-1}$）。

7. 酚酞指示剂（$2g·L^{-1}$）。

【实验步骤】

1. $0.1mol·L^{-1}$ NaOH 标准溶液的配制和标定参见实验 2。

2. 磷酸的电位滴定

（1）连接电位滴定装置。

（2）开启酸度计开关，用标准缓冲溶液进行校准。

（3）测量 H_3PO_4 试液的 pH 值。吸取 20.00mL $0.1mol·L^{-1}$ H_3PO_4 溶液于 100mL 烧杯中，加入 20mL 蒸馏水，插入电极，按操作要领和步骤测量 H_3PO_4 试液的 pH 值。

（4）电位滴定。将 $0.1mol·L^{-1}$ NaOH 标准溶液装入碱式滴定管，搅拌磁子放入被测试液中，同时加入 1 滴甲基橙和 1 滴酚酞指示剂。开动电磁搅拌器，用 NaOH 标准溶液滴定。开始时每滴入 2mL NaOH 标准溶液测量相应的 pH 值，滴定至 pH 值约为 2.5 时，每隔 0.2mL 测量（可借助甲基橙指示剂的变色来判断）；pH 值约为 6 时，每隔 2mL 测量；pH 值约为 7.5 时，每隔 0.2mL 测量（可借助酚酞指示剂的变色来判断）；pH 值约为 11 时，每隔 2mL 测量。直至 50mL NaOH 标准溶液滴完为止。关上酸度计开关，用水吹洗复合电极并用滤纸吸干后，浸泡在盛有 KCl 溶液的烧杯中。

（5）数据处理。以 V_{NaOH} 为横坐标、pH 值为纵坐标，绘出 pH-V 关系曲线，用三切线法求出终点 pH 值及相应的 NaOH 标准溶液体积，求出 H_3PO_4 试样溶液的浓度。

【思考题】

1. H_3PO_4 是三元酸，为何在 pH-V 滴定曲线上仅出现两个"突跃"？

2. 电位滴定时，如用自来水代替蒸馏水，对测定结果有无影响？

实验4　自来水总硬度的测定

【实验目的】

1. 掌握 EDTA 标准溶液的配制与标定方法。
2. 学习配位滴定法的原理及应用。
3. 掌握测定水总硬度的方法和条件。
4. 了解掩蔽干扰离子的条件及方法。

【实验原理】

水的总硬度是指水中镁盐和钙盐的含量。国内外规定的测定水总硬度的标准分析方法是 EDTA 滴定法。

用 EDTA 滴定 Ca^{2+}、Mg^{2+} 总量时，一般是在 pH 10 的氨性缓冲溶液中，以铬黑 T（EBT）为指示剂，计量点前 Ca^{2+} 和 Mg^{2+} 与 EBT 生成紫红色配合物，当用 EDTA 滴定至计量点时，游离出指示剂，溶液呈现纯蓝色。滴定时用三乙醇胺掩蔽 Fe^{3+}、Al^{3+}、Ti^{4+} 等干扰离子，从而消除对铬黑 T 指示剂的封闭作用。为了提高滴定终点的敏锐性，氨性缓冲溶液中可加入一定量的 Mg^{2+}-EDTA。由于 Mg^{2+}-EBT 的稳定性大于 Ca^{2+}-EBT，终点颜色变化更明显。

对于水的总硬度，各国表示方法有所不同，我国《生活饮用水卫生标准》规定，总硬度以 $CaCO_3$ 计，不得超过 $450mg \cdot L^{-1}$。

【主要试剂】

1. 乙二胺四乙酸二钠盐（EDTA）试剂（分析纯）。
2. $CaCO_3$ 试剂（优级纯）：将 $CaCO_3$ 在 110℃ 烘箱中干燥 2h，室温下置于干燥器中保存。
3. NH_3-NH_4Cl 缓冲溶液（含 Mg^{2+}-EDTA 溶液）：称取 20g NH_4Cl，溶于水后，加 100mL 浓氨水，用蒸馏水稀释至 1L（pH 值约为 10）。配制 $0.05mol \cdot L^{-1}$ $MgCl_2$ 和 $0.05mol \cdot L^{-1}$ EDTA 溶液各 500mL，然后在 pH 10 的氨性溶液条件下，以铬黑 T 作指示剂，用上述 EDTA 滴定 Mg^{2+}，按所得比例把 $MgCl_2$ 和 EDTA 混合，确保 Mg：EDTA=1：1。再将此溶液与 NH_3-NH_4Cl 缓冲溶液混合。
4. 铬黑 T（0.5％三乙醇胺-无水乙醇溶液）：称 0.50g 铬黑 T，溶于含有 25mL 三乙醇胺、75mL 无水乙醇溶液中，低温保存，试剂有效期约 100 天。
5. 甲基红（0.1％～60％乙醇溶液）。
6. 三乙醇胺（$200g \cdot L^{-1}$）。
7. HCl 溶液（1+1）。
8. 氨水（1+1）。

【实验步骤】

1. EDTA 标准溶液的配制和标定

（1）配制　称取 2g EDTA 于 250mL 烧杯中，加蒸馏水搅拌溶解后，转移至试剂瓶中，用水稀释至 500mL。

（2）标定　准确称取 0.2~0.3g $CaCO_3$ 于 250mL 烧杯中，盖上表面皿，加入 5mL（1+1）HCl 溶液，溶解后用少量水冲洗烧杯壁和表面皿，定量转移 $CaCO_3$ 溶液于 250mL 容量瓶中，用水稀释至刻度，摇匀。用移液管平行移取 20.00mL 上述溶液三份分别于 250mL 锥形瓶中，加 1 滴甲基红指示剂，用（1+1）氨水调节至溶液由红色变为淡黄色，加 20mL 水，再加入 pH=10 的 NH_3-NH_4Cl 缓冲溶液 10mL，滴加铬黑 T 指示剂 2 滴，立即用待标定的 EDTA 溶液滴定，当溶液由红色转变为纯蓝色即为终点。计算 EDTA 标准溶液的浓度。

2. 自来水总硬度的测定

移取 100.00mL 自来水于 500mL 锥形瓶中，加入 3mL 三乙醇胺溶液、5mL NH_3-NH_4Cl 缓冲溶液，再加入 2 滴铬黑 T 指示剂，立即用 EDTA 标准溶液滴定，溶液由红色变为纯蓝色即为终点。平行测定 3 份，计算水样的总硬度。

【思考题】

1. 本节所使用的 EDTA 应该采用何种指示剂标定？最适当的基准物质是什么？
2. 在测定水的硬度时，先于三个锥形瓶中加水样，再加 NH_3-NH_4Cl 缓冲溶液，加……然后再一份一份地滴定，这样好不好？为什么？

实验5　铋、铅含量的连续测定

【实验目的】

1. 了解通过调节酸度提高 EDTA 选择性的原理。
2. 掌握用 EDTA 进行连续滴定的方法。

【实验原理】

混合离子的滴定常用控制酸度法、掩蔽法进行，可根据有关副反应系数论证分别滴定的可能性。Bi^{3+}、Pb^{2+} 均能与 EDTA 形成稳定的 1∶1 配合物，lgK 分别为 27.94 和 18.04。由于两者的 lgK 相差很大，故可以利用酸效应，控制不同的酸度，进行分别测定。在 pH≈1 时滴定 Bi^{3+}，在 pH≈5～6 时滴定 Pb^{2+}。

【主要试剂】

1. 乙二胺四乙酸二钠盐（EDTA）试剂（分析纯）。
2. 锌片（纯度为 99.99%）。
3. 二甲酚橙（$2g·L^{-1}$）。
4. 六亚甲基四胺溶液（$200g·L^{-1}$）。
5. HCl 溶液（1+1）。
6. Bi^{3+}、Pb^{2+} 混合液含 Bi^{3+}、Pb^{2+} 各约 $0.01mol·L^{-1}$。称取 40g $Bi(NO_3)_3$、34g $Pb(NO_3)_2$，移入含有 315mL HNO_3 的烧杯中，在电炉上微热溶解后，稀释至 10L。

【实验步骤】

1. EDTA 溶液的配制和标定

（1）配制　称取 2g EDTA 于 250mL 烧杯中，加水溶解后，移入试剂瓶中，用水稀释至 500mL。

（2）标定　准确称取 0.13～0.20g 基准物质锌于 250mL 烧杯中，加入 6mL（1+1）HCl 溶液，立即盖上表面皿，待锌完全溶解，以少量水冲洗表面皿和烧杯内壁，定量转移溶液于 250mL 容量瓶中，稀释至刻度，摇匀。用移液管吸取 20.00mL 上述溶液于锥形瓶中，加 2 滴二甲酚橙指示剂，加 $200g·L^{-1}$ 六亚甲基四胺 5mL 至溶液呈现稳定的紫红色，再加六亚甲基四胺 5mL，用待标定的 EDTA 溶液滴定，被滴溶液由紫红色恰转变为黄色即为终点。平行滴定 3 次，计算 EDTA 的准确浓度。

2. Bi^{3+}-Pb^{2+} 混合溶液的测定

用移液管吸取 20.00mL Bi^{3+}-Pb^{2+} 溶液 3 份于 250mL 锥形瓶中，加 1～2 滴二甲酚橙指示剂，用 EDTA 标准溶液滴定，溶液由紫红色恰变为黄色即为 Bi^{3+} 的终点。根据消耗 EDTA 标液的体积，计算混合液中 Bi^{3+} 的含量（以 $g·L^{-1}$ 表示）。

在滴定 Bi^{3+} 后的溶液中加 5mL 六亚甲基四胺至溶液呈现稳定的紫红色，再加六亚甲基四胺 5mL，用 EDTA 标准溶液滴定，溶液由紫红色恰转变为黄色为终点。根据滴定结果，计算混合液中 Pb^{2+} 的含量（以 $g·L^{-1}$ 表示）。

【思考题】

1. 描述连续滴定 Bi^{3+}、Pb^{2+} 过程中,锥形瓶中颜色变化的情形,以及颜色变化的原因。

2. 为什么不用 NaOH、NaAc 或 $NH_3 \cdot H_2O$,而用六亚甲基四胺调节 pH 值为 5~6?

实验6 铁矿试样中全铁含量的测定

【实验目的】

1. 掌握 $K_2Cr_2O_7$ 标准溶液的配制及使用。
2. 学习铁矿石试样的酸溶解法。
3. 学习 $K_2Cr_2O_7$ 法测定铁含量的原理及方法。
4. 对无汞定铁有所了解并增强环保意识。
5. 了解二苯胺磺酸钠指示剂的作用原理。

【实验原理】

用 HCl 溶液分解铁矿石后,在加热的 HCl 溶液中,以甲基橙为指示剂,用 $SnCl_2$ 将 Fe^{3+} 还原成 Fe^{2+},并过量 1~2 滴。经典方法是用 $HgCl_2$ 氧化过量的 $SnCl_2$,除去 Sn^{2+} 的干扰,但 $HgCl_2$ 造成环境污染,本实验采用无汞定铁法。滴定突跃范围为 0.93~1.34V,使用二苯胺磺酸钠为指示剂时,由于其条件电位为 0.85V,因而需加入 H_3PO_4 使滴定产生的 Fe^{3+} 生成相应配合物而降低 Fe^{3+}/Fe^{2+} 电对的电位,使突跃范围变成 0.71~1.34V,指示剂可以在此范围内变色,同时也消除了 Fe^{3+} 的黄色对终点观察的干扰,Sb(V) 和 Sb(Ⅲ) 干扰本实验,不应存在。

【主要试剂】

1. $SnCl_2$ (100g·L^{-1}):将 10g $SnCl_2·2H_2O$ 溶于 40mL 浓热 HCl 溶液中,加水稀释至 100mL。
2. $SnCl_2$ (50g·L^{-1})。
3. H_2SO_4-H_3PO_4 混酸:将 15mL 浓 H_2SO_4 缓慢加至 70mL 水中,冷却后加入 15mL 浓 H_3PO_4 混匀。
4. 甲基橙 (1g·L^{-1})。
5. 二苯胺磺酸钠 (2g·L^{-1})。
6. $K_2Cr_2O_7$ 试剂 (优级纯):将 $K_2Cr_2O_7$ 在 150~180℃ 干燥 2h,室温下置于干燥器中保存。

【实验步骤】

1. $K_2Cr_2O_7$ 标准溶液的配制

用差减法准确称取 0.55~0.65g $K_2Cr_2O_7$ 于 100mL 烧杯中,加水溶解,定量转移至 250mL 容量瓶中,加水稀释至刻度,摇匀。

2. 试样的测定

准确称取铁矿石粉 1.0~1.5g 于 250mL 烧杯中,加入 20mL 浓 HCl,盖上表面皿,在通风橱中低温加热分解试样(分解完全时残渣接近白色),用少量水吹洗表面皿及烧杯壁,冷却后转移至 250mL 容量瓶中,稀释至刻度并摇匀。

移取试样溶液 20.00mL 于锥形瓶,加 8mL 浓 HCl 溶液,加热近沸,加入 6 滴甲基橙,趁热边摇动锥形瓶边逐滴加入 100g·L^{-1} $SnCl_2$ 还原 Fe^{3+}。溶液由橙变红,再慢慢滴加

$50g·L^{-1}$ $SnCl_2$ 至溶液变为淡粉色，再摇几下直至粉色褪去。立即流水冷却，加 50mL 蒸馏水，20mL 硫磷混酸，4 滴二苯胺磺酸钠，立即用 $K_2Cr_2O_7$ 标准溶液滴定到稳定的紫红色为终点，平行测定 3 次。计算矿石中铁的含量。

【思考题】

1. $K_2Cr_2O_7$ 为什么可以直接称量并配制准确浓度的溶液？
2. 分解铁矿石时，为什么要在低温下进行？如果加热至沸会对结果产生什么影响？
3. 以 $K_2Cr_2O_7$ 溶液滴定 Fe^{2+} 时，加入 H_3PO_4 的作用是什么？

实验7　直接碘量法测定维生素C

【实验目的】

1. 掌握碘标准溶液和硫代硫酸钠标准溶液的配制和标定方法。
2. 了解直接碘量法测定维生素C的原理和方法。

【实验原理】

维生素C又名抗坏血酸，分子式为$C_6H_8O_6$，$M=176.1 g \cdot mol^{-1}$。可以用I_2标准溶液直接滴定，I_2将维生素C分子中的烯醇式结构氧化为酮式结构，反应可以定量进行，根据I_2标准溶液的浓度和消耗的体积，可以计算出试样中维生素C的含量。用这种方法，可以测定药片、注射液、水果及蔬菜中维生素C的含量。

由于维生素C的还原性很强，在空气中易被氧化，特别是在碱性介质中更易被氧化，故在测定时须使溶液呈弱酸性，以减少副反应的发生。

【主要试剂】

1. I_2溶液（$0.05 mol \cdot L^{-1}$）：称取3.3g I_2和5g KI，置于研钵中，加少量水，在通风橱中研磨。待I_2全部溶解后，将溶液转入棕色试剂瓶中，加水稀释至250mL，充分摇匀，放至暗处保存。
2. $Na_2S_2O_3 \cdot 5H_2O$试剂（分析纯）。
3. KI（10%）。
4. H_2SO_4（$1 mol \cdot L^{-1}$）。
5. 淀粉溶液（0.2%）。
6. HAc（$2 mol \cdot L^{-1}$）。
7. 维生素C片剂。
8. $K_2Cr_2O_7$试剂（优级纯）：将$K_2Cr_2O_7$在150～180℃干燥2h，室温下置于干燥器中保存。

【实验步骤】

1. $Na_2S_2O_3$标准溶液的配制和标定

（1）配制　称取12.5g $Na_2S_2O_3 \cdot 5H_2O$于250mL烧杯中，加入200mL蒸馏水，搅拌溶解后，倒入试剂瓶中，用蒸馏水稀释至500mL。

（2）标定　准确称取0.48～0.52g $K_2Cr_2O_7$于100mL烧杯中，加蒸馏水溶解后转移至100mL容量瓶中，用水稀释至刻度，摇匀。用移液管平行移取20.00mL上述溶液三份分别于500mL锥形瓶中，加入10% KI溶液20mL，$1 mol \cdot L^{-1}$ H_2SO_4溶液20mL，盖上表面皿，在暗处放置5min，再加入100mL蒸馏水，用待标定的$Na_2S_2O_3$溶液滴定，当溶液由棕红色转变为淡黄色时，加入5mL 0.2%淀粉溶液，继续滴定至溶液由蓝色变为亮绿色即为终点。计算$Na_2S_2O_3$标准溶液的浓度。

2. I_2 标准溶液的标定

用移液管移取 20.00mL $Na_2S_2O_3$ 标准溶液于 250mL 锥形瓶中，加入 50mL 蒸馏水，5mL 0.2%淀粉溶液，用待标定的 I_2 溶液滴定至溶液呈浅蓝色，30s 内不褪色即为终点。平行滴定三份，计算 I_2 标准溶液的浓度。

3. 维生素 C 含量的测定

准确称取 0.25～0.28g 研成粉末的维生素药片于 250mL 锥形瓶中，加入 100mL 蒸馏水，10mL 2mol·L^{-1} HAc 溶液，5mL 0.2%淀粉溶液，立即用 I_2 标准溶液滴定至稳定的浅蓝色，30s 内不褪色即为终点。平行测定三份，计算试样中维生素 C 的质量分数。

【思考题】

1. 维生素 C 固体试样溶解时为何要加入新煮沸的冷蒸馏水？
2. 碘量法的误差来源有哪些？应采取哪些措施减小误差？

实验 8　食用酱油中氯化钠含量的测定

【实验目的】

1. 掌握沉淀滴定法的基本原理（莫尔法）。
2. 掌握硝酸银标准溶液的配制和标定。
3. 掌握微量滴定管的操作及酱油中的氯化钠含量测定的方法。

【实验原理】

酱油中的氯化钠含量可通过测定其中的 Cl^- 含量换算。可溶性氯化物的含量常采用莫尔法进行测定，在中性或弱碱性溶液中，以 K_2CrO_4 为指示剂，用 $AgNO_3$ 标准溶液对溶液中的 Cl^- 进行测定。溶液中首先析出 AgCl 沉淀，至接近反应化学计量点时，Cl^- 浓度迅速降低，当剩余 Cl^- 浓度远小于 K_2CrO_4 的浓度时，用 $AgNO_3$ 标准溶液继续滴定，则生成砖红色的 Ag_2CrO_4 沉淀，指示到达终点。反应式如下：

$$Ag^+ + Cl^- \Longrightarrow AgCl\downarrow \text{（白色）}(K_{sp}=1.8\times10^{-10})$$

$$2Ag^+ + CrO_4^{2-} \Longrightarrow Ag_2CrO_4\downarrow \text{（砖红色）}(K_{sp}=2.0\times10^{-12})$$

该滴定的最适宜 pH 值为 6.5~10.5。

指示剂的用量对滴定有影响，一般以 $5\times10^{-3}\,mol\cdot L^{-1}$ 为宜。凡是能与 Ag^+ 生成难溶化合物或络合物的阴离子都干扰实验，例如 PO_4^{3-}、S^{2-} 和 CO_3^{2-} 等。凡是能与 CrO_4^{2-} 生成难溶化合物的阳离子都干扰实验，例如 Ba^{2+} 和 Pb^{2+} 等。在进行沉淀滴定前应先对干扰离子进行预处理，本实验不考虑干扰离子的影响。

【主要试剂】

1. 硝酸银试剂（分析纯）。
2. NaCl（基准）。
3. 铬酸钾指示剂（$50g\cdot L^{-1}$ 溶液）。

【实验步骤】

1. $0.1\,mol\cdot L^{-1}$ 硝酸银标准溶液的配制及标定

（1）配制　称取 $0.84g\ AgNO_3$ 于 50mL 的烧杯中，溶解后转入棕色试剂瓶内，加水稀释至 50mL，摇匀，待用。

（2）标定　准确称取 0.2g 左右的 NaCl 基准试剂于 100mL 烧杯中，用蒸馏水溶解后定量转移至 250mL 容量瓶中，稀释至刻度，摇匀。移取该溶液 25.00mL 置于 250mL 的锥形瓶中，加入 1mL $50g\cdot L^{-1}$ 的 K_2CrO_4 指示剂，在充分摇动下。用 5mL 的微量滴定管装入 $AgNO_3$ 溶液进行滴定，直至呈现砖红色即为终点。平行测定三份。计算 $AgNO_3$ 溶液的平均浓度。

2. 酱油中氯化钠含量的测定

准确移取酱油（高盐稀态发酵酱油）5.00mL 至 250mL 容量瓶中，加水至刻度，摇匀，

配制成样品稀释液。

吸取 5.00mL 上述样品稀释液置于 250mL 的锥形瓶中,加 100mL 水及 1mL 50g·L^{-1} 的 K_2CrO_4 溶液,混匀。在白色背景下用 0.1mol·L^{-1} 的 $AgNO_3$ 标准溶液滴定至呈现砖红色,同时做空白试验。根据 $AgNO_3$ 标准溶液的用量,计算酱油中氯化钠的含量(g·L^{-1})。

【思考题】

1. 莫尔法测定 Cl$^-$ 时,为什么溶液 pH 值要控制在 6.5～10.5?

2. AgCl 的 K_{sp} 大于 Ag_2CrO_4 的 K_{sp} 值,为什么在滴定同等浓度的银离子时,AgCl 先沉淀?

实验 9 邻二氮菲吸光光度法测定铁

【实验目的】

1. 学习如何选择吸光光度法分析的实验条件。
2. 掌握用吸光光度法测定铁的原理及方法。
3. 掌握分光光度计和吸量管的使用方法。

【实验原理】

铁的吸光光度法所用的显色剂较多,有邻二氮菲及其衍生物、磺基水杨酸、硫氰酸盐、5-Br-PADAP 等。其中邻二氮菲分光光度法的灵敏度高,稳定性好,干扰容易消除,是目前普遍采用的一种方法。在 pH=2~9 的溶液中,Fe^{2+} 与邻二氮菲(Phen)生成稳定的橘红色配合物 $[Fe(Phen)_3]^{2+}$,当铁为 +3 价时,可用盐酸羟胺还原。Cu^{2+}、Co^{2+}、Ni^{2+}、Cd^{2+}、Hg^{2+}、Mn^{2+}、Zn^{2+} 等离子也能与 Phen 生成稳定配合物,在少量情况下,不影响 Fe^{2+} 的测定,量大时可用 EDTA 掩蔽或预先分离。

吸光光度法的实验条件,如测量波长、溶液酸度、显色剂用量、显色时间、温度、溶剂以及共存离子的干扰及其消除等,都是通过实验来确定的。本实验在测定试样中铁含量之前,先做部分条件实验,以便初学者掌握确定实验条件的方法。条件实验的简单方法是:改变某条件进行实验,固定其余条件,测得一系列吸光度值,绘制吸光度对应于某实验条件的曲线,根据曲线确定某条件实验的适宜值及适宜范围。

【主要仪器和试剂】

1. 722 型分光光度计,pH 试纸,25mL 比色管。
2. 铁标准溶液(100μg·mL^{-1}):准确称取 0.8634g $NH_4Fe(SO_4)_2·12H_2O$ (A.R.)于 200mL 烧杯中,加入 20mL 6mol·L^{-1} HCl 溶液和少量水,溶解后转移至 1000mL 容量瓶中,用水稀释至刻度,摇匀。
3. 邻二氮菲 (1.5g·L^{-1})。
4. 盐酸羟胺 (100g·L^{-1},用时配制)。
5. NaAc (1mol·L^{-1})。
6. NaOH (0.5mol·L^{-1})。
7. HCl (6mol·L^{-1})。

【实验步骤】

1. 条件实验

(1) 吸收曲线的制作和测量波长的选择 用吸量管吸取 0.0mL 和 1.0mL 铁标准溶液分别注入两个 25mL 比色管中,各加入 1mL 盐酸羟胺溶液、2mL 邻二氮菲、5mL NaAc,用水稀释至刻度,摇匀。放置 10min 后,用 1cm 比色皿、以试剂空白(即 0.0mL 铁标准溶液)为参比溶液,在 440~560nm 之间,每隔 10nm 测一次吸光度,在最大吸收峰附近,每隔 5nm 测定一次吸光度。在坐标纸上,以波长 λ 为横坐标,吸光度 A 为纵坐标,绘制 A 与

λ 关系的吸收曲线。从吸收曲线上选择测定铁的适宜波长，一般选用最大吸收波长 λ_{max}。

（2）溶液酸度的选择　取 8 个 25mL 比色管用吸量管分别加入 1mL 铁标液，1mL 盐酸羟胺，摇匀，再加入 2mL Phen，摇匀。用 5mL 吸量管分别加入 1.0mL 6mol·L^{-1} HCl 和 0.0mL、0.2mL、0.5mL、1.0mL、1.5mL、2.0mL、3.0mL 0.5mol·L^{-1} NaOH 溶液，用水稀释至刻度，摇匀。放置 10min。用 1cm 比色皿，以蒸馏水为参比溶液，在选择的波长下测定各溶液的吸光度。同时用 pH 试纸测量各溶液的 pH 值。以 pH 值为横坐标，吸光度 A 为纵坐标，绘制 A 与 pH 关系的酸度影响曲线，得出测定铁的适宜酸度范围。

（3）显色剂用量的选择　取 7 个 25mL 比色管内用吸量管分别加入 1mL 铁标液，1mL 盐酸羟胺，摇匀，再分别加入 0.1mL、0.3mL、0.5mL、0.8mL、1.0mL、2.0mL、4.0mL Phen 和 5mL NaAc 溶液，用水稀至刻度，摇匀。放置 10min。用 1cm 比色皿，以蒸馏水为参比溶液，在选择的波长下测定各溶液的吸光度。以所取 Phen 溶液体积 V 为横坐标，吸光度 A 为纵坐标，绘制 A 与 V 关系的显色剂用量影响曲线，得出测定铁时显色剂的最适用量。

（4）显色时间　在一个 25mL 比色管用吸量管分别加入 1mL 铁标液，1mL 盐酸羟胺，摇匀。再加入 2mL Phen 和 5mL NaAc 溶液，用水稀至刻度，摇匀。立刻用 1cm 比色皿，以蒸馏水为参比溶液，在选择的波长下测量吸光度。然后依次测出放置 5min、10min、30min、60min、120min 后的吸光度。以时间 t 为横坐标，吸光度 A 为纵坐标，绘制 A 与 t 关系的显色时间影响曲线，得出铁与邻二氮菲显色反应完全所需要的最适宜时间。

2.铁含量的测定

（1）标准曲线的制作　用移液管移取 20mL 50μg·mL^{-1} 铁标准溶液于 100mL 容量瓶中，加入 2mL 6mol·L^{-1} HCl 溶液，用水稀释至刻度，摇匀。此溶液 Fe^{3+} 的浓度为 10μg·mL^{-1}。

在 6 个 25mL 比色管中用吸量管分别加入 0.0mL、1.0mL、2.0mL、3.0mL、4.0mL、5.0mL 10μg·mL^{-1} 铁标准溶液，均加入 1mL 盐酸羟胺，摇匀。再加入 2mL Phen 和 5mL NaAc 溶液，用水稀至刻度，摇匀后放置 10min。用 1cm 比色皿，以试剂空白（即 0.0mL 铁标准溶液）为参比溶液，在选择的波长下，测定各溶液的吸光度。以含铁量（μg·mL^{-1}）为横坐标，吸光度 A 为纵坐标，绘制标准曲线（由绘制的标准曲线，重新查出某一适中铁浓度相应的吸光度，计算 Fe^{2+}-Phen 配合物的摩尔吸光系数 ε）。

（2）试样中铁含量的测定　准确吸取 5.0mL 试液于 25mL 比色管中，按标准曲线的制作步骤，加入各种试剂，测量吸光度。从标准曲线上查出和计算试液中铁的含量（μg·mL^{-1}）。

【思考题】

1.本实验量取各种试剂时分别采用何种量器较为合适？为什么？
2.怎样用吸光光度法测定水样中的全铁（总铁）和亚铁的含量？试拟出简单步骤。

第4章 综合实验

实验10 硅酸盐水泥中 SiO_2、Fe_2O_3、Al_2O_3 含量的测定

【实验目的】

学习复杂物质的分析方法。

【实验原理】

水泥主要由硅酸盐组成。按我国规定,分成硅酸盐水泥(熟料水泥),普通硅酸盐水泥(普通水泥),矿渣硅酸盐水泥(矿渣水泥),火山灰质硅酸盐水泥(火山灰水泥),粉煤灰硅酸盐水泥(煤灰水泥)等。水泥熟料是由水泥生料经1400℃以上高温煅烧而成。硅酸盐水泥由水泥熟料加入适量的石膏而成,其成分与水泥熟料相似,可按水泥熟料的化学分析法进行测定。

水泥熟料、未掺混合材料的硅酸盐水泥、碱性矿渣水泥可采用酸分解法。不溶物含量较高的水泥熟料、酸性矿渣水泥、火山灰水泥等酸性氧化物较高的物质,可采用碱熔融法。本实验采用的硅酸盐水泥,一般易为酸所分解。

SiO_2 的测定可分为容量法和重量法。重量法又因使硅酸凝聚所用物质的不同分为盐酸干涸法、动物胶法、氯化铵法等。本实验采用氯化铵法。将试样与7~8倍固体 NH_4Cl 混匀后,再加入 HCl 溶液分解试样,HNO_3 氧化 Fe^{2+} 为 Fe^{3+}。经沉淀分离、过滤洗涤后的 $SiO_2 \cdot nH_2O$ 在瓷坩埚中950℃灼烧至恒重。本法测定结果较标准法约高0.2%。若改用铂坩埚在1100℃灼烧恒重,经氢氟酸处理后,测定结果与标准法结果比较,误差小于0.1%。生产上 SiO_2 的快速分析常采用氟硅酸钾容量法。

Fe_2O_3 和 Al_2O_3 含量的测定用容量法。以磺基水杨酸为指示剂,用 EDTA 络合滴定 Fe;以 PAN 为指示剂,用 Cu 标准溶液返滴定法测定 Al。

【主要仪器和试剂】

1. 马弗炉;瓷坩埚;干燥器;长、短坩埚钳。

2. 指示剂

(1) 溴甲酚绿($1g \cdot L^{-1}$,20%乙醇溶液)。

(2) 磺基水杨酸($100g \cdot L^{-1}$)。

(3) PAN($3g \cdot L^{-1}$,乙醇溶液)。

3. 缓冲溶液

(1) 氯乙酸-乙酸胺缓冲液(pH 2) 850mL $0.1mol \cdot L^{-1}$ 氯乙酸与 85mL $0.1mol \cdot L^{-1}$ NH_4Ac。

(2) 氯乙酸-乙酸钠缓冲液(pH 3.5) 250mL $2mol \cdot L^{-1}$ 氯乙酸与 500mL $1mol \cdot L^{-1}$ NaAc。

4. 其他试剂

乙二胺四乙酸二钠盐（EDTA）试剂（分析纯）；纯铜（纯度＞99.9%）；NH_4Cl 试剂（分析纯）；氨水（1+1）；HCl 溶液（浓、6mol·L^{-1}）；HNO_3（浓）。

【实验步骤】

1. SiO_2 含量的测定

（1）准确称取 0.40～0.45g 试样两份，置于干燥的 100mL 烧杯中，加入 2.5～3.0g 固体 NH_4Cl，用玻璃棒混匀，滴加浓 HCl 溶液至试样全部润湿（一般需约 2mL），并滴加 2～3 滴浓 HNO_3，搅匀。小心压碎块状物，盖上表面皿，置于沸水浴上，加热 10min。每份加热水约 40mL，搅动（以溶解可溶性盐类）。过滤，每份用 60mL 热水分次（4～6 次）洗涤烧杯和沉淀。将两份滤液转入一个 250mL 容量瓶中，用水稀释至刻度，摇匀。将沉淀连同滤纸放入瓷坩埚中，在电炉上干燥、炭化并灰化。

（2）于 950℃灼烧 SiO_2 沉淀 30min 后取出，置于干燥器中冷却至室温，称量。再灼烧，称量，直至恒重。将坩埚中 SiO_2 沉淀扫出，称量空坩埚质量。计算试样中 SiO_2 的质量分数。

2. 铜(Ⅱ)标准溶液的配制

准确称取 0.15～0.2g 纯铜到 250mL 烧杯中，加入 3mL 6mol·L^{-1} HCl 溶液，滴加 2～3mL H_2O_2，盖上表面皿，微沸溶解，继续加热赶去 H_2O_2（小泡冒完为止）。冷却后转入 250mL 容量瓶中，用水稀释至刻度，摇匀。计算铜(Ⅱ)标准溶液的浓度。

3. EDTA 标准溶液的配制和标定

（1）配制　称取 2g EDTA 到 250mL 烧杯中，加水溶解后，转移至试剂瓶中，用水稀释至 500mL，摇匀。

（2）标定　用移液管准确移取 10.00mL 铜(Ⅱ)标准溶液于 250mL 锥形瓶中，加入 5mL pH=3.5 的缓冲溶液和 35mL 水，加热至 80℃后，加入 4 滴 PAN 指示剂，趁热用待标定的 EDTA 溶液滴定至由红色变为绿色，即为终点。平行测定 3 次，计算 EDTA 标准溶液的浓度。

4. Fe_2O_3 和 Al_2O_3 含量的测定

从 250mL 容量瓶中准确移取 20.00mL 试液于 250mL 锥形瓶中，加入 10 滴磺基水杨酸、10mL pH=2 的缓冲溶液，将溶液加热至 70℃，用 EDTA 标准溶液缓慢地滴定至由酒红色变为无色（终点时溶液温度应在 60℃左右），记下消耗 EDTA 标准溶液的体积。平行滴定 3 次，计算试样中 Fe_2O_3 的质量分数。

向滴定铁后的溶液中，加入 2 滴溴甲酚绿，用（1+1）氨水调至黄绿色，然后用滴定管准确加入 20～25mL EDTA 标准溶液，加热煮沸 1min，加入 10mL pH=3.5 的缓冲溶液，10 滴 PAN 指示剂，用铜(Ⅱ)标准溶液滴定至茶红色即为终点，记下消耗铜(Ⅱ)标准溶液的体积。平行滴定 3 份，计算试样中 Al_2O_3 的质量分数。

【思考题】

（1）在 Fe^{3+}、Al^{3+}、Ca^{2+}、Mg^{2+} 共存时，能否用 EDTA 标准溶液控制酸度法测定 Fe^{3+}？滴定 Fe^{3+} 的介质酸度范围为多大？

（2）EDTA 滴定 Al^{3+} 时，为什么采用回滴法？

实验 11　非有机溶剂液固萃取-光度法测定金属离子

【实验目的】

1. 掌握非有机溶剂液固萃取分离的基本操作。
2. 了解用卟啉显色剂光度测定金属离子的原理和方法。

【实验原理】

非有机溶剂液固萃取体系是指一些水溶性的高分子聚合物，在无机盐的作用下从其水溶液中析出，浮于盐水溶液的表面而形成液固两相，利用物质在两相间的不对称分配来实现分离提取的目的。

卟啉试剂由于其结构上的特点，比较容易与某些过渡金属离子形成络合物，因此可作为这些离子的选择性萃取显色剂，将其从混合物中提取出来并进行光度测定。

【主要仪器和试剂】

1. 752 型紫外可见分光光度计。
2. KS 型康氏振荡器。
3. 原卟啉溶液（0.40mmol·L^{-1}）：准确称取 22.4mg 固体原卟啉，用 40mL 0.1mol·L^{-1} NaOH 溶液溶解后，转移至 100mL 容量瓶中定容。
4. 吐温 80 溶液（30% 水溶液）。
5. 十六烷基三甲基溴化铵（CTMAB，0.1%）。
6. 铜离子标准溶液（1.0g·L^{-1}）。
7. 铁离子标准溶液（1.0g·L^{-1}）。
8. 镍离子标准溶液（1.0g·L^{-1}）。
9. HAc-NaAc 缓冲液（pH 3～5）。
10. NaH$_2$PO$_4$-Na$_2$HPO$_4$ 缓冲液（pH 5～7）。
11. NH$_3$-NH$_4$Cl 缓冲液（pH 8～10）。

【实验步骤】

1. 光度测定条件实验

（1）测量波长的选择　用吸量管吸取 0.0mL 和 1.0mL 铜离子标准溶液分别注入两个 25mL 比色管中，各加入 1mL CTMAB 溶液、1mL 原卟啉溶液、5mL 缓冲液，用水稀释至 20mL，摇匀，沸水浴加热 15min，流水冷却，定容至刻度。用 1cm 比色皿，以试剂空白为参比溶液，在 350～460nm 之间，每隔 10nm 测一次吸光度，在最大吸收峰附近，每隔 5nm 测定一次吸光度。在坐标纸上，以波长 λ 为横坐标，吸光度 A 为纵坐标，绘制 A 与 λ 关系的吸收曲线。从吸收曲线上选择测定的适宜波长。

（2）原卟啉用量的选择　取 7 个 25mL 比色管分别加入 1mL 铜离子标准溶液、1mL CTMAB 溶液，摇匀，再分别加入 0.5mL、1.0mL、1.5mL、2.0mL、2.5mL、3.0mL、3.5mL 原卟啉溶液和 5mL 缓冲液，用水稀释至 20mL，摇匀，沸水浴加热 15min，流水冷却，定容至刻度。用1cm比色皿，以蒸馏水为参比溶液，在选择的波长下测定各溶液的吸光度。以所取原卟啉溶液体积V为横坐标，吸光度A为纵坐标，绘制A与V关系的显色剂用量曲线，得出原卟啉的最适用量。

2. 萃取条件实验

（1）吐温80用量的选择　取7个25mL比色管分别加入1mL铜离子标准溶液，1mL原卟啉溶液，摇匀，再分别加入1.0mL、2.0mL、3.0mL、4.0mL、5.0mL、6.0mL、7.0mL 30%的吐温80溶液和5mL缓冲液，摇匀，沸水浴加热15min，流水冷却，定容至10.0mL。加入一定量固体硫酸铵，于振荡器上振荡5min，将比色管倒置10min分相。倾出水相，固相用相应的缓冲液溶解后定容至10.0mL，在选择的波长下以对应试剂空白作参比测定吸光度，计算萃取率。以吐温80溶液的浓度ρ为横坐标，萃取率E为纵坐标，绘制E与ρ关系的聚合物用量曲线，得出吐温80的最适用量。

（2）硫酸铵用量的选择　取7个25mL比色管分别加入1mL铜离子标准溶液，1mL原卟啉溶液，3mL 30%吐温80溶液和5mL缓冲液，摇匀，沸水浴加热15min，流水冷却，定容至10.0mL。分别加入不同质量的固体硫酸铵，于振荡器上振荡5min，将比色管倒置10min分相。倾出水相，固相用相应的缓冲液溶解后定容至10.0mL，在选择的波长下以对应试剂空白作参比测定吸光度，计算萃取率。以硫酸铵浓度c为横坐标，萃取率E为纵坐标，绘制E与c关系的分相盐用量曲线，得出硫酸铵的最适用量。

（3）体系酸度的选择　取8个25mL比色管分别加入1mL铜离子标准溶液，1mL原卟啉溶液，3mL 30%吐温80溶液和5mL pH值分别为3、4、5、6、7、8、9、10的缓冲液，摇匀后沸水浴加热15min，流水冷却，定容至10.0mL。加入一定量固体硫酸铵，于振荡器上振荡5min，将比色管倒置10min分相。倾出水相，固相用相应的缓冲液溶解后定容至10.0mL，在选择的波长下以对应试剂空白作参比测定吸光度，计算萃取率。以pH值为横坐标，萃取率E为纵坐标，绘制E与pH关系的酸度曲线，得出适宜的体系酸度。

3. 试样的分离和测定

在分离铜离子的适宜条件下，对混合液中的铜离子按萃取实验步骤进行分离，按光度法实验步骤进行测定，求出分离回收实验结果。

【思考题】

1. 非有机溶剂液固萃取体系与液液萃取体系相比较有什么优点？
2. 原卟啉试剂有哪两种作用？

实验 12　铅精矿中铅的测定

【实验目的】

1. 考查学生定量分析的综合能力。
2. 了解矿样分析的一般处理过程。

【实验原理】

试样用氯酸钾饱和的浓硝酸分解，在硫酸介质中铅形成硫酸铅沉淀，通过过滤与共存元素分离。硫酸铅用乙酸-乙酸钠缓冲溶液溶解，以二甲酚橙为指示剂，于pH 5~6用EDTA标准溶液滴定，由消耗的EDTA标准溶液体积计算矿样中铅的质量分数。

【主要仪器和试剂】

1. 定量过滤装置：漏斗、慢速定量滤纸。
2. 加热装置：电炉或电热套。
3. 300mL 烧杯、10mL 量筒、50mL 滴定管。
4. 乙酸-乙酸钠缓冲溶液（pH 5.5~6.0）：称取150g无水乙醇钠溶于水中，加入20mL冰醋酸，用水稀释至1000mL，混匀。
5. EDTA标准溶液：称取8g乙二胺四乙酸二钠溶于300~400mL水中，加热溶解，冷却，稀释至1L，转移至1000mL试剂瓶中，定容、摇匀。
6. 1g·L^{-1}二甲酚橙溶液；(1+1) HCl；(1+98) H$_2$SO$_4$；氯酸钾饱和的浓硝酸；抗坏血酸；(1+1) 氨水；200g·L^{-1}六亚甲基四胺溶液；基准物 ZnO。

【实验步骤】

1. EDTA 标准溶液的标定

(1) 锌标准溶液的配制　准确称取在800~1000℃灼烧过的（需20min以上）基准物 ZnO 0.5~0.6g 于100mL烧杯中，用少量水润湿，然后逐滴加入(1+1) HCl，边加边搅至完全溶解为止。然后，定量转移到250mL容量瓶中，用水稀释至刻度并摇匀。

(2) 标定　移取25.00mL锌标准溶液于250mL锥形瓶中，加约30mL水，2~3滴二甲酚橙指示剂，先加(1+1)氨水至溶液中由黄色刚变为橙色（不能多加），然后滴加200g·L^{-1}六亚甲基四胺至溶液呈稳定的紫红色再多加3mL，用待标定的EDTA溶液滴定至溶液由紫红色变为亮黄色，即为终点。

2. 样品的测定

(1) 准确称取矿样约0.3g于300mL烧杯中，用少量水润湿，缓缓加入15mL氯酸钾饱和的浓硝酸，盖上表面皿，置于电炉上低温加热溶解，待试样完全溶解后取下稍冷。

(2) 加入10mL浓硫酸，继续加热至冒浓烟约2min，取下冷却。

(3) 用水吹洗表面皿及烧杯壁，加水50mL，加热微沸10min，冷却至室温，放置1h。

(4) 用慢速定量滤纸过滤，用(1+98)硫酸洗涤烧杯两次，洗涤沉淀四次，用水洗涤烧杯一次，洗涤沉淀两次，弃去滤液。

（5）将滤纸展开，连同沉淀移入原烧杯中，加入 30mL 乙酸-乙酸钠缓冲溶液，用水吹洗杯壁，盖上表面皿加热微沸 10min，搅拌使沉淀溶解，取下冷却。

（6）加入 0.1g 抗坏血酸和 3~4 滴 $1g·L^{-1}$ 二甲酚橙溶液，用 EDTA 标准溶液滴定至溶液由酒红色变为亮黄色，即为终点。

【结果处理】

1. 由标定的数据计算 EDTA 标准溶液的浓度 c（$mol·L^{-1}$）。
2. 矿样中 Pb 质量分数的计算：

$$w_{Pb} = \frac{207.2(cV)_{EDTA}}{m \times 1000} \times 100\%$$

式中，m 为矿样的质量，g。

【思考题】

1. 测定 Pb^{2+} 时，样品中的铁、铝、铜、锌等的干扰如何排除？
2. EDTA 滴定 Pb^{2+} 时，选什么作缓冲液？Pb(Ⅱ) 在此缓冲液中以什么形式存在？
3. 配制 1L HAc-NaAc 缓冲液（pH 5.5~6）时，用了 20mL 冰醋酸，试计算需加乙酸钠多少克？
4. 用 EDTA 滴定 Pb^{2+} 的最低 pH 值是多少？
5. 铅被硫酸沉淀时，有哪些离子也会生成沉淀？
6. 将 HAc-NaAc 加入 $PbSO_4$ 沉淀，并让其微沸一定时间有何作用？
7. 如 $PbSO_4$ 沉淀中含有少量铁时，对测定有何影响，应如何消除？

实验 13 镀镍液中主要成分的分析

【实验目的】

1. 了解实际样品的测定过程，训练综合实验技能，提高灵活运用定量化学分析知识的水平。

2. 进一步了解复杂样品干扰的消除方法。

【实验原理】

普通镀镍液中含有 $NiSO_4$、$NaCl$、H_3BO_3、Na_2SO_4、$MgSO_4$ 等成分。其中，Mg^{2+} 可使镀层光滑、洁白；Cl^- 可显著减少阳极极化现象，使阳极的溶解良好，但过量时则会引起镀层粗糙，并使阳极过度腐蚀；硼酸主要起缓冲剂作用，并能改善镀层的外观及力学性能；SO_4^{2-} 的同离子效应加大了阴极极化，使镀层洁净、细致均匀。镀镍液上述各组分的量必须控制在一定的范围内才能得到良好的镀层，所以必须随时监测。通常利用络合滴定法测定 Ni^{2+} 和 Mg^{2+}，用沉淀滴定法测定 Cl^- 和 SO_4^{2-}，用酸碱滴定法测定 H_3BO_3。

在 pH 10.0 的碱性介质中，Ni^{2+} 和 Mg^{2+} 均可与 EDTA 定量反应，以紫脲酸铵为指示剂，用 EDTA 测定 Ni^{2+} 和 Mg^{2+} 的总量。然后利用 KF 掩蔽 Mg^{2+}，测得 Ni^{2+} 的含量，差减法可得 Mg^{2+} 的含量。测定时 Cu^{2+}、Zn^{2+} 有一定的干扰，但因在镀镍液配制时已严格控制了铜、锌的含量（分别小于 $50\mu g \cdot mL^{-1}$ 和 $20\mu g \cdot mL^{-1}$），故实际影响不大。Fe^{3+} 和 Al^{3+} 的干扰可用三乙醇胺掩蔽，在测分量时所加的 KF 同时也掩蔽了 Fe^{3+} 和 Al^{3+}。

H_3BO_3 是一元弱酸（pK_a 为 9.24），不能用碱直接滴定。加入甘油、甘露醇或转为糖等多羟基有机物后与 H_3BO_3 作用生成络合酸，强化硼酸的质子释放能力，用酚酞为指示剂，用碱直接滴定。滴定时为了防止 Ni^{2+} 生成 $Ni(OH)_2$ 沉淀，可加入柠檬酸钠掩蔽。

Cl^- 用莫尔法测定。SO_4^{2-} 用 $BaCl_2$ 沉淀滴定法测定，选用茜素红 S 为指示剂，在 pH 值小于 5 时指示剂本身呈柠檬黄色，当滴定到终点时过量的 Ba^{2+} 与茜素红 S 作用产生红色络合物。

【主要试剂】

1. 标准试剂

EDTA（$0.03mol \cdot L^{-1}$，配好后用纯锌标定）。$BaCl_2$（$0.1mol \cdot L^{-1}$，用分析纯试剂直接配制）。$AgNO_3$（$0.1mol \cdot L^{-1}$，用分析纯试剂配制，视需要也可再用基准 NaCl 标定）。NaOH（$0.1mol \cdot L^{-1}$，用邻苯二甲酸氢钾标定）。

2. 指示剂

紫脲酸铵（100g NaCl 加入 1g 紫脲酸铵，混匀）；K_2CrO_4（5%）；茜素红 S（0.2%，水溶液）；酚酞溶液（0.2%）。

3. 其他试剂

pH 10.0 氨性缓冲溶液（6.7g NH_4Cl + 57mL 浓氨水，稀释至 1L）；KF（固体）；甘油-柠檬酸三钠混合液（60% : 6%，以酚酞为指示剂用盐酸调至刚好褪色）；无水乙醇；三乙醇胺（20%）；盐酸（$0.1mol \cdot L^{-1}$）。

【实验步骤】

1. Ni^{2+} 的测定

移取 0.50mL 镀镍液于 250mL 锥形瓶中,加 20% 三乙醇胺 5mL、水 90mL 和 KF 1g,摇匀,加入 pH 10.0 缓冲溶液 10mL 和少许紫脲酸铵指示剂,用 $0.03mol \cdot L^{-1}$ EDTA 标准溶液滴定至溶液刚好由黄色转为红紫色为终点。根据所消耗的 EDTA 用量计算 $NiSO_4 \cdot 7H_2O$ 的含量($g \cdot L^{-1}$)。

2. Mg^{2+} 的测定

用移液管移取镀镍液 0.50mL 于 250mL 锥形瓶中,加 20% 三乙醇胺 5mL、水 90mL 和 pH 10.0 缓冲溶液 10mL 及少许紫脲酸铵指示剂摇匀,用 $0.03mol \cdot L^{-1}$ EDTA 标准溶液滴定至溶液刚好由黄色转为红紫色为终点,由此测得 Ni^{2+} 和 Mg^{2+} 的总量。结合步骤 1,用差减法求出 $MgSO_4 \cdot 7H_2O$ 的含量($g \cdot L^{-1}$)。

3. H_3BO_3 的测定

移取 0.05mL 镀镍液于 250mL 锥形瓶中,加水 10mL、甘油-柠檬酸三钠混合液 15mL 及 0.2% 酚酞 3 滴,用 $0.1mol \cdot L^{-1}$ NaOH 标准溶液滴定至由淡绿色变为灰蓝色为终点。由所消耗的 NaOH 体积数计算硼酸的含量($g \cdot L^{-1}$)。

4. Cl^- 的测定

移取 1.00mL 镀镍液于 250mL 锥形瓶中,加水至 100mL 左右,加 5% K_2CrO_4 溶液 1mL,用 $0.1mol \cdot L^{-1}$ $AgNO_3$ 标准溶液滴定至砖红色即为终点。计算结果以氯化钠含量($g \cdot L^{-1}$)表示。

5. SO_4^{2-} 的测定

移取镀镍液 0.50mL 于 250mL 锥形瓶中,加水 50mL、0.2% 茜素红 S 指示剂数滴和无水乙醇 20mL,逐滴加入 $0.1mol \cdot L^{-1}$ 盐酸使溶液由红色变成柠檬黄色,用 $0.1mol \cdot L^{-1}$ $BaCl_2$ 标准溶液滴定至出现微红色为终点。计算硫酸钠的含量($g \cdot L^{-1}$)。

【思考题】

1. 为什么在测定镍镁总量与测定镍分量时都选用紫脲酸铵作指示剂,而终点色泽略有差异?
2. 测定 H_3BO_3 时,加入柠檬酸钠会不会影响测定结果?
3. 测定 Cl^- 时,指示剂 K_2CrO_4 用量对测定结果是否有影响?
4. 在各成分测定时,为什么要求加无水乙醇?
5. 在测镍分量时用 KF 作掩蔽剂掩蔽 Mg^{2+},改用 NaF 或 NH_4F 是否可以?

实验 14　土壤中游离氧化铁的草酸-盐酸羟胺高压提取及分析

【实验目的】

1. 学习土壤中游离铁的分离方法和测定方法。
2. 掌握用高压坩埚提取和消解分析试样的方法。

【实验原理】

　　黏土中的铁除了结合在层状硅酸盐中的以外，大多数以铁的氧化物及其水合物的形式存在，如赤铁矿（Fe_2O_3）、针铁矿（α-FeOOH）、无定形氧化铁及少量的磁铁矿（Fe_3O_4）和纤铁矿（β 或 γ-FeOOH）等。土壤分析化学中，把在结构上不含 Fe—O—Si 键的这些铁的氧化物及其水合物统称为游离氧化铁。游离氧化铁的含量，直接影响黏土的诸多性质，所以引起了人们的关注。

　　测定黏土中的游离氧化铁，应先使其与黏土中的其他成分分离。目前常用的分离方法是连二亚硫酸钠-柠檬酸铵-重碳酸钠法，简称为 DCB 法。方法的原理是，连二亚硫酸钠将高价的铁氧化物还原为亚铁离子，并与柠檬酸根配合形成溶于水的配离子，然后用邻二氮菲吸光光度法测定铁的含量。通常以磁铁矿、针铁矿、赤铁矿和铁锰结核形式存在的游离氧化铁，DCB 法溶出的铁分别仅占这些矿物各自含铁量的 2.4%、28%、41% 和 40%，为克服这一缺陷，本实验采用在高压坩埚中，以草酸和盐酸羟胺溶液为提取剂浸取黏土中的游离氧化铁。研究表明，该法对游离氧化铁的浸出量显著高于 DCB 法。因为浸取过程中没有使用能与铁形成配合物的柠檬酸，所以铁的显色速度较 DCB 法快。

【主要仪器和试剂】

1. CS 型高压坩埚。
2. 722 型分光光度计。
3. 台式离心机。
4. 台式烘箱。
5. 分析纯盐酸羟胺及其 $100\ g·L^{-1}$ 水溶液。
6. 分析纯草酸（$H_2C_2O_4·2H_2O$）。
7. $1.5\ g·L^{-1}$ 邻二氮菲水溶液（显色剂）。
8. $1.0\ mol·L^{-1}$ NaAc 溶液。
9. 铁标准溶液。

【实验步骤】

　　称取自然风干并过孔径 $\phi=0.20\ mm$ 筛的黏土试样 0.100g 以及盐酸羟胺和草酸固体各 0.6g 于高压坩埚中，加 10.00mL 去离子水，轻轻将其摇匀，加盖旋紧密封。置高压坩埚于 130℃ 的干燥箱中，待温度稳定于 130℃ 后，继续加热 30min，冷却至室温，启封。将上层清液移入 100mL 容量瓶内，浸渣转移至离心管中，用饱和 NaCl 溶液洗涤浸渣后，进行离心分离，浸渣需用 NaCl 溶液洗涤 3~4 次，离心液一起并入 100mL 容量瓶中，用去离子水定容。用邻二氮菲吸光光度法测定上述定溶液中铁的浓度，以此求出 0.100g 试样中被浸出铁的量，将其以 Fe_2O_3 的形式表示即为游离氧化铁的量，游离氧化铁的量与试样量之比为游离氧化铁质量分数。

【思考题】

    1. 本法分离游离氧化铁的原理是什么？
    2. 试比较本法与 DCB 法的特点。

实验 15　锰矿石中锰的测定

【实验目的】

1. 学习电位滴定法测定锰含量的基本原理。
2. 掌握电位滴定分析基本操作。

【实验原理】

锰的测定方法很多，有重量法、滴定法、分光光度法、电位滴定法和原子吸收分光光度法等。电位滴定法测定锰矿石中锰的含量为国家和国际标准方法。本实验介绍电位滴定法。

在 pH 6.5～7.5 的焦磷酸钠介质中，用铂电极作指示电极，钨或银电极作参比电极组成工作电池，用高锰酸钾标准溶液滴定试液中的锰(Ⅱ)至锰(Ⅲ)，其反应式为：

$$4Mn^{2+} + MnO_4^- + 15H_2P_2O_7^{2-} + 8H^+ = 5Mn(H_2P_2O_7)_3^{3-} + 4H_2O$$

滴定过程中（25℃）铂电极的电极电位为：

$$E_{Pt} = E^{\ominus}_{Mn^{3+}/Mn^{2+}} + 0.059lg([Mn^{3+}]/[Mn^{2+}])$$

由于溶液中存在大量的 $H_2P_2O_7^{2-}$，Mn^{3+} 的浓度很小，且可认为恒定，则上式可写为

$$E_{Pt} = E^{\ominus}_{Mn^{3+}/Mn^{2+}} + K - 0.059lg[Mn^{2+}]$$

随着滴定剂 $KMnO_4$ 的加入，Mn^{2+} 的浓度逐渐减小，在化学计量点附近产生电位突跃（大于 60mV）。滴定终点可通过作图法或电位的突跃确定。

酸度对测定有较大的影响，须严格控制溶液的 pH 值在 6.5～7.5。酸度太高，滴定反应不完全，甚至不能反应；酸度太低，$KMnO_4$ 会发生歧化反应，甚至转化为 MnO_4^{2-}，导致滴定反应不能进行。

焦磷酸钠能与 Mn^{3+} 形成稳定的络合物，降低了 Mn^{3+}-Mn^{2+} 电对的电位，使滴定反应速率加快和更加完全。同时，焦磷酸钠的存在增强了 Mn^{3+} 的稳定性，抑制 Mn^{3+} 发生下列歧化反应：

$$2Mn^{3+} + 2H_2O = Mn^{2+} + MnO_2 + 4H^+$$

焦磷酸钠的用量一般为锰量的 300 倍以上。

铬(Ⅲ)和砷(Ⅲ)对测定有干扰，可在碱性溶液中加入过氧化钠处理，将 Mn^{2+} 氧化为 MnO_4^{2-}，Cr^{3+} 氧化为 CrO_4^{2-}，然后加入乙醇煮沸，使锰酸盐还原为二氧化锰水合物析出，与铬分离。也可在热的高氯酸溶液中加入盐酸，将铬以氯化铬酰（CrO_2Cl_2）形式挥发除去。三价砷可在酸性条件下用硝酸氧化为五价，干扰即可消除。

【主要仪器和试剂】

1. ZD-2 型自动电位滴定计（213 型铂电极为指示电极，216 型银电极为参比电极）。
2. pHS-2 型酸度计。
3. 焦磷酸钠饱和溶液。
4. 高锰酸钾标准溶液。

【实验步骤】

称取 0.1000g 试样于 250mL 聚四氟乙烯烧杯中，加入 7mL 盐酸，加热 10min 取下，加

入 3mL 硝酸、5mL 高氯酸、5mL 氢氟酸，置于电热板上加热至试样完全分解，并蒸发至冒白烟，剩余体积约 0.5mL，取下。加 15mL 水，煮沸至可溶性盐类溶解，冷却，迅速加入 100mL 饱和焦磷酸钠溶液，用（1+1）硫酸或（1+1）氨水调至 pH=7（用 pH 计或精密试纸测试），插入铂-银电极，开动搅拌器，在不断搅拌下，用高锰酸钾标准溶液滴定至仪器的指针发生偏转（电位突跃）即为终点，用下式计算锰的含量。

$$w_{Mn} = \frac{TV}{m} \times 100\%$$

式中　T——高锰酸钾标准溶液对锰的滴定度，g·mL^{-1}；
　　　V——滴定消耗高锰酸钾标准溶液体积，mL；
　　　m——称取试样质量，g。

【思考题】

1. 生产单位的例行分析中，为简化计算，常用滴定度来表示标准溶液的浓度。本方法中高锰酸钾标准溶液的浓度如何换算成滴定度？

2. 电位滴定法测定锰时为什么要使用中性的焦磷酸钠介质？

实验16 钢铁中磷含量的测定

【实验目的】

1. 了解用磷钼酸光度法测定磷含量的基本原理。
2. 熟悉钢铁样品分解方法及步骤。

【实验原理】

钢铁中磷的测定方法有多种,本实验采用的测定方法是使磷转化为磷酸,再与钼酸铵作用生成磷钼酸,用磷钼酸光度法测定。

磷主要以金属磷化物形式存在于钢铁中,经硝酸分解后,大部分磷可转化为磷酸,少部分转化为亚磷酸,用 $KMnO_4$ 处理后变为磷酸。

$$3Fe_3P+41HNO_3 =\!=\!= 9Fe(NO_3)_3+3H_3PO_4+16H_2O+14NO\uparrow$$

$$Fe_3P+13HNO_3 =\!=\!= 3Fe(NO_3)_3+H_3PO_3+5H_2O+4NO\uparrow$$

$$5H_3PO_3+2KMnO_4+6HNO_3 =\!=\!= 5H_3PO_4+2KNO_3+2Mn(NO_3)_2+3H_2O$$

过量的 $KMnO_4$ 不能留在溶液中,必须除去。在 $0.8\sim1.1 mol\cdot L^{-1}$ HNO_3 的酸度下,加入钼酸铵即可生成黄色的磷钼杂多酸。

$$H_3PO_4+12H_2MoO_4 =\!=\!= H_3[P(Mo_3O_{10})_4]+12H_2O$$

然后加入还原剂 $SnCl_2$ 还原络合物中部分 $Mo(Ⅵ)$ 为 $Mo(Ⅳ)$,即可变为蓝色络合物磷钼蓝。

$$H_3[P(Mo_3O_{10})_4]+4Sn^{2+}+8H^+ =\!=\!= (2MoO_2\cdot4MoO_3)_2\cdot H_3PO_4+4Sn^{2+}+4H_2O$$

磷钼蓝的蓝色深度与磷的含量成正比,借此可利用光度法测定磷含量,最大吸收波长 $\lambda_{max}=660nm$。酸度对磷钼蓝的形成很重要,酸度低于 $0.7mol\cdot L^{-1}$(HNO_3)时,过量的钼酸铵也将被还原;酸度在1.1~1.4时只有部分磷钼黄被还原;酸度高于 $1.4mol\cdot L^{-1}$ 时磷钼蓝分解,无蓝色产生。较适合的酸度为 $0.8\sim1.1 mol\cdot L^{-1}$($HNO_3$)。硅能形成硅钼蓝干扰测定,但在较高酸度下($0.8mol\cdot L^{-1}$以上)形成硅钼杂多酸的速度很慢,如果形成较快,加入还原剂和酒石酸,酒石酸立即与剩余的钼酸铵生成稳定络合物,可抑制硅钼杂多酸的生成。Fe^{3+} 作为基体,会消耗大量的 $SnCl_2$,如加入 NaF 形成 $[FeF_6]^{3-}$ 可消除其干扰,加酒石酸也能起类似作用。砷含量大于0.1%也能造成干扰,可加酒石酸消除。

【主要仪器和试剂】

试剂:1∶3 HNO_3 溶液;5% $KMnO_4$ 溶液;20% $NaNO_2$ 溶液;5%钼酸铵溶液;4%酒石酸钾钠溶液;10%尿素溶液;2.4% NaF、0.2% $SnCl_2$ 溶液。

仪器:722型分光光度计;1cm、2cm比色皿。

【实验步骤】

标准曲线:用天平准确称取含磷0.0008%的纯铁0.5000g于250ml烧杯中,加1∶3硝酸75mL,放置电炉中加热溶解。煮沸驱逐氮氧化物到体积为25~30mL。缓缓滴加5% $KMnO_4$ 溶液至析出褐色沉淀,微沸1min。缓缓滴加20% $NaNO_2$ 溶液至褐色消失,溶液变成黄色，煮沸 1min。冷却后用玻璃棒转移到 50mL 比色管定容，摇匀。分别取 5.00mL 试液至 6 个 25mL 比色管中，各加入浓度为 $10.00\mu g \cdot mL^{-1}$ 磷标液 0.00mL、0.25mL、0.50mL、0.75mL、1.00mL、1.25mL，于 85~90℃ 水浴加热 30min，立即加入 3.00mL 钼酸铵溶液、酒石酸钾钠溶液 1.00mL、NaF-SnCl$_2$ 溶液 8.00mL、尿素 3.00mL，冷却到室温放置 30min，蒸馏水定容，摇匀。以蒸馏水为空白，在 660nm 测得吸光度 A_1~A_6，根据 c-A 的关系绘制关系曲线即得标准曲线。

天平上准确称取钢铁试样 0.0500g 于 100mL 烧杯中，加（1+3）硝酸 8mL，放置电炉中加热溶解，煮沸 1min 驱逐氮氧化物。缓缓滴加 5% $KMnO_4$ 溶液至析出褐色沉淀。缓缓滴加 20% $NaNO_2$ 溶液至褐色消失，微沸 1min 后，立即向烧杯加入 3.00mL 钼酸铵溶液，加入酒石酸钾钠溶液 1.00mL、NaF-SnCl$_2$ 溶液 8.00mL、尿素 3.00mL。摇匀，冷至室温放置 30min，并移入 25mL 比色管中，蒸馏水定容。用 2cm 比色皿在 660nm 波长下以蒸馏水为参比液测得吸光度，最后求出钢样中磷的含量。注意在测吸光度时，等待时间要相同（做标准曲线的样和试样）。

【思考题】

1. 试比较本法和酸碱滴定法测磷的异同。
2. 酸度对磷钼蓝的形成有何影响？

第 5 章 设 计 实 验

实验设计是一项带有创造性的工作，需以有关的基础理论知识为指导，并通过实验来验证理论。实验方案的设计，为今后开展科学研究和从事实际工作打下良好的基础。在设计实验时，可能会遇到许多问题，其中有些问题是可以通过查阅文献资料解决的，有些则需要在实践中探索。要求学生独立完成从设计分析方案到通过实际测定给出定量分析结果的全过程。

实验设计的主要内容包括以下几个方面。
（1）实验原理 应将方法、原理和有关计算公式详细写出。
（2）实验用品
（3）实验步骤 包括溶液的标定和各组分含量测定的步骤。
（4）实验结果 包括测得的数据及数据处理结果（分析结果和偏差）的表格。
（5）问题讨论 包括分析误差和总结心得体会等。

实验 17 混合酸（碱）的测定

【目的与要求】

1. 巩固酸碱滴定的基本原理。
2. 学习利用所学知识分析和解决化学分析实际问题。

【提示】

在实际工作中，常常会遇到混合酸（碱）体系的测定问题。如何才能设计出一个既准确又简便的分析方案来呢？例如，要用滴定分析的方法来测定磷酸二氢钠和磷酸氢二钠混合体系中各组分的含量，设计分析方案时要如何入手？要考虑些什么问题呢？

首先，必须判断各组分能否用酸（碱）标准溶液进行滴定。根据磷酸的离解平衡，查出三级离解平衡酸（碱）常数（$pK_{a1} = 2.12$，$pK_{a2} = 7.20$，$pK_{a3} = 12.36$，$pK_{b1} = 1.64$，$pK_{b2} = 6.80$，$pK_{b3} = 11.88$）。应用弱酸、弱碱能否被准确滴定的判式 $cK \geqslant 10^{-8}$ 判断。显然，磷酸二氢钠可用氢氧化钠标准溶液直接滴定到 HPO_4^{2-}。而 HPO_4^{2-} 继续用氢氧化钠滴定则不可能，但是可用盐酸标准溶液来直接滴定它。也可以先加入适量氯化钙固体，定量置换出氢离子，再用氢氧化钠标准溶液滴定。

$$2Na_2HPO_4 + 3CaCl_2 = Ca_3(PO_4)_2 \downarrow + 4NaCl + 2HCl$$

如果采用直接滴定的方式，滴定方法也不是唯一的。例如，可用上述方法，在同一份试液中分别用 NaOH 和 HCl 标准溶液进行两次滴定；也可以取两份等量的试液，分别用 NaOH 和 HCl 标准溶液进行滴定。

至于指示剂，一般是根据滴定反应达到计量点时产物溶液的 pH 值来选择的。如果等量

点时产物为 HPO_4^{2-}，其溶液的 pH＝9.7，则可选用酚酞（变色范围为 pH＝8.2～10.0）或百里酚酞（变色范围为 pH＝9.4～10.6）为指示剂。当产物为 $H_2PO_4^-$ 时，其溶液的 pH＝4.7，则可选用甲基红（变色范围为 pH＝4.2～6.2）或溴甲酚绿（变色范围为 pH＝3.8～5.4）为指示剂。

总之，设计混合酸（碱）组分的测定方法时，应本着求实的精神，去比较、研究实验中遇到的问题。例如，所选用的方法有什么优点？滴定的误差是多少？哪种指示剂较好？等等。设计时主要应考虑几个问题：各组分能否被准确滴定？设计方法的原理是什么？可用哪几种方法进行测定？采用什么滴定剂？如何配制和标定？计量点时产物是什么？这时溶液的 pH 值是多少？可供选择的指示剂有哪些？哪种最好？被测组分和标准物质之间的计量关系如何表述？各组分含量的计算公式是什么？含量以什么单位表示？计算用的有关常数是否齐备？滴定终点一般采用指示剂法检测，不过在滴定较弱的酸（碱）组分时，用电位法指示滴定终点较为准确。理论证明，当两组分终点的 $\Delta pH \leqslant 3$ 时，用电位法指示终点尤为重要，例如对 HAc-$NaHSO_4$ 体系滴定终点的测定。酸碱滴定中，滴定剂和被滴物质的浓度一般设计为 $0.1 mol \cdot L^{-1}$，据此可确定各有关组分的取用量。

在酸碱滴定法理论课学完后，可选择下面的体系进行设计，并测定各组分含量：磷酸氢二钾-磷酸二氢钾混合液；硫酸-磷酸混合液；盐酸-氯化铵混合液（氯化铵可用甲醛强化）；氨水-氯化铵混合液；盐酸-硼酸混合液（硼酸可用甘油或甘露醇强化）；氢氧化钠-磷酸钠混合液；乙酸-硫酸混合液；混合碱固体试样。

对磷酸氢二钾-磷酸二氢钾混合体系，在设计实验方案时既可把它们看作是混合碱，也可看作是混合酸，还可看作是酸、碱混合物。另外，对于有色溶液的酸碱滴定，应选用何种方法指示化学计量点要考虑。

对给定的酸（碱）混合样，要先自行查阅有关资料，并设计好实验步骤，经实验指导老师审阅后再进行实验。

实验 18　工业锅炉盐酸洗液的分析

【目的与要求】

1. 巩固所学的基础理论知识、基本操作、实验方法和实验知识等。
2. 进一步培养学生掌握分析化学实验的技能技巧，以及解决实际问题的能力。

【提示】

锅炉及冷却设备等容易产生垢锈，往往造成危害。一般是通过酸洗来清除垢锈，以保障安全生产。常用的酸洗液是 5%盐酸溶液，添加 3g·L^{-1}六亚甲基四胺作为缓蚀剂。

盐酸清洗过程是一个化学溶解和机械剥离同时发生的过程。垢锈的主要成分为铁的氧化物（FeO、Fe_2O_3 和 Fe_3O_4），其与盐酸反应生成 $FeCl_2$ 和 $FeCl_3$。酸洗时也会发生金属的腐蚀，裸露的金属表面与 $FeCl_3$ 和 HCl 反应生成 $FeCl_2$。在酸洗过程中要检查 HCl 含量以便及时进行补充。而酸洗时间则根据酸洗液中 Fe^{3+} 浓度降低和 Fe^{2+} 浓度明显升高来确定。

在设计实验方案时需考虑如下几个问题。

（1）通过查阅相关资料，要求设计出具体的实验方案（包括实验原理、实验步骤、所用仪器、试剂用量等）。

（2）将初步方案及仪器、试剂清单提前交给指导教师，经教师批阅、修改后，方可进行实验。

（3）按初步方案进行测定，记录实验结果，若有异常情况可修改初步方案，再进行测定。

（4）将最终分析方案及测定结果写成实验报告交给指导教师。

要求先自行查阅有关资料，并设计好实验步骤，经指导老师审阅后进行实验。若实验结果有异常，可修改初步方案，再进行实验。

实验 19　锰、铬、钒的连续测定

【目的与要求】

1. 学会利用待测元素的性质进行连续分别测定的技术。
2. 学会充分利用分析仪器开展新的分析方法的研究。

【提示】

（1）锰、铬、钒均具有氧化还原性，可以在硫磷混酸介质中，以 Ag^+ 为催化剂，用过硫酸铵将其氧化成高价含氧化合物（A 溶液）。

（2）VO_4^{3-} 为无色离子，MnO_4^-、CrO_4^{2-} 是有色离子，这些物质的最大吸收波长相差较远，故可吸取部分 A 溶液加入 EDTA 将 MnO_4^- 还原（此时 CrO_4^{2-} 不被还原）后作参比溶液（B 溶液），在 530nm 波长下测定 A 溶液中锰的含量。

（3）用水作参比，在 450nm 波长下测定 B 溶液中 Cr 的含量。

（4）吸取部分 B 溶液，加入丙三醇将 CrO_4^{2-} 还原后（此时，VO_4^{3-} 不被还原），VO_4^{3-} 与二苯胺磺酸钠反应生成绿色（先紫后绿）的钒化合物，用水作参比，在 400nm 波长下测定钒的含量。

（5）测定过程中，温度应在 15～25℃。温度过高，六价铬会氧化 EDTA，五价钒也会部分被丙三醇还原。

（6）样品含锰在 0.5％以下及铬、钒含量在 5％以下都可以用此法测定。

实验 20　漂白精中有效氯和总钙量的测定

【目的与要求】

1. 激发学生的学习积极性，培养创新精神。
2. 提高理论联系实际的能力和分析问题、解决问题的能力。

【提示】

（1）漂白精是用氯气与消石灰反应制得，主要成分为次氯酸钙、氢氧化钙等，分子式可写为 $3Ca(OCl)_2 \cdot 2Ca(OH)_2$。其中有效氯和固体总钙量是影响产品质量的关键指标。

（2）漂白精中有效氯是指次氯酸盐酸化时放出的氯：

$$Ca(OCl)_2 + 4H^+ == Ca^{2+} + Cl_2 + 2H_2O$$

漂白精的漂白能力是以有效氯的量为指标，该指标以有效氯的质量分数表示。测定漂白精中的有效氯是在酸性溶液中，次氯酸盐转化为次氯酸后与碘化钾反应析出一定量的碘，用 $Na_2S_2O_3$ 标准溶液滴定。

（3）漂白精中总钙量的测定可以用钙指示剂以 EDTA 络合滴定法测定。由于漂白精中的次氯酸盐能使钙指示剂褪色而干扰测定，因此应考虑在络合滴定前用一定的还原剂除去次氯酸盐。

第2部分
仪器分析实验

第6章 基础实验

实验 21 蛋白质含量的紫外光度法测定

【实验目的】

1. 掌握紫外可见分光光度计的结构和使用方法。
2. 学习标准曲线定量分析方法。

【实验原理】

蛋白质中酪氨酸和色氨酸残基的苯环含有共轭双键,因此蛋白质具有吸收紫外光的性质,吸收峰约为 280nm。在此波长下,蛋白质溶液的光吸收值与其含量呈正比关系,可用作定量测定。

该测定法简单、灵敏、快速,低浓度的盐类不干扰测定。因此,在蛋白质和酶的生化制备中广泛应用,特别是在柱色谱分离中,利用 280nm 进行紫外检测来判断蛋白质吸附或洗脱情况,是最常用的方法。

该法用于测定那些与标准蛋白质中酪氨酸和色氨酸含量差异较大的蛋白质,有一定的误差,该法适用于测定与标准蛋白质氨基酸组成相似的蛋白质。若样品中含有嘌呤、嘧啶等吸收紫外光的物质,会出现较大干扰。核酸也吸收 280nm 波长的紫外光,但对 260nm 紫外光的吸收更强,而蛋白质则在 280nm 的紫外吸收值大于 260nm 的紫外吸收值,通过计算可以适当校正核酸对于测定蛋白质含量的干扰作用。

此法在蛋白质含量为 $20\sim100$mg·L^{-1} 范围内服从 Beer 定律。氯化钠、硫酸铵以及 0.1mol·L^{-1} 磷酸、硼酸和 Tris 等缓冲液都无显著干扰作用。但 0.1mol·L^{-1} 的乙酸、琥珀酸、邻苯二甲酸以及巴比妥等缓冲液在 215nm 下的吸收较大,必须降至 0.005mol·L^{-1} 才无显著影响。

由于蛋白质的紫外吸收峰常因 pH 值的改变而有变化,故应用紫外吸收法时要注意溶液的酸度,最好与标准曲线制定时的 pH 值一致。

【主要仪器和试剂】

1. 紫外分光光度计,1cm 石英比色皿,25mL 比色管。

2. $4.0g \cdot L^{-1}$ 蛋白质（牛血清白蛋白）标准溶液：准确称取 1.0g 牛血清白蛋白于 250mL 烧杯中，加水搅拌，溶解后转移至 250mL 容量瓶中，用水稀释至刻度，摇匀。

3. $0.25mol \cdot L^{-1}$ Tris 缓冲液（pH 10）：称取 30g 三羟甲基氨基甲烷（Tris）于 500mL 烧杯中，加水搅拌，溶解后转移至试剂瓶中，用水稀释至 1000mL。

【实验步骤】

1. 吸收光谱

取 1 支 25mL 具塞比色管，加入 5.0mL $4.0g \cdot L^{-1}$ 蛋白质标准溶液、5.0mL $0.25mol \cdot L^{-1}$ Tris 缓冲液（pH 10），用水稀释至刻度，摇匀。用 1cm 比色皿，在紫外分光光度计上 250~320nm 范围扫描，绘制 A-λ 曲线，选择 λ_{max} 为测定波长。

2. 标准曲线

取 8 支 25mL 具塞比色管，分别加入 0.5mL、1.0mL、1.5mL、2.0mL、2.5mL、3.0mL、3.5mL、4.0mL $4.0g \cdot L^{-1}$ 蛋白质标准溶液，5.0mL $0.25mol \cdot L^{-1}$ Tris 缓冲液（pH 10），用水稀释至刻度，摇匀。用 1cm 比色皿，在所选波长下测定各溶液的吸光度，绘制 A-ρ（$g \cdot L^{-1}$）标准曲线。

3. 试样中蛋白质含量的测定

取 7 支 25mL 具塞比色管，各加入 2.0mL 试样溶液，5.0mL $0.25mol \cdot L^{-1}$ Tris 缓冲液（pH＝10），用水稀释至刻度，摇匀。在所选波长下测定吸光度，从标准曲线上求得试样中蛋白质的含量，并且计算平行测定的相对偏差。

【思考题】

1. 有机化合物分子吸收能量后跃迁的方式有哪些？哪些类型的跃迁能引起紫外可见吸收？

2. 在紫外可见分光光度法中为什么需要使用参比溶液？如何选择实验中使用的参比溶液？

实验 22　紫外可见吸收光谱鉴别有机化合物的基团和结构

【实验目的】

1. 掌握有机化合物紫外-可见光区吸收光谱的几种主要电子跃迁类型。
2. 了解介质环境对吸收光谱电子跃迁能量和跃迁强度的影响。
3. 初步判断有机化合物的基团和结构。

【实验原理】

根据有机化合物的紫外可见吸收光谱与其结构的关系,吸收峰与有机化合物分子结构中电子在分子轨道间的跃迁类型密切相关。电子在分子轨道间的跃迁类型有 σ-σ*、π-π*、n-σ*、n-π*。

其跃迁所需能量大小顺序为:σ-σ* > n-σ* > π-π* > n-π*。

相应所吸收光的波长大小为:σ-σ* < n-σ* < π-π* < n-π*。

常见的有机化合物在紫外可见光区吸收最大的是 π-π* 和 n-π* 两种跃迁,前者强度大,光吸收强,后者小或弱,有机化合物的颜色即生色团发生的主要是这两种跃迁,共轭体系越大,吸收波长越大,光吸收越强。σ-σ* 跃迁需要能量更高的远紫外光。所以,n-σ* 和 σ-σ* 跃迁光谱在光度分析中不采用。

几种代表性的有机化合物分子的电子跃迁类型列于表 6-1 中。

表 6-1　几种代表性的有机化合物分子的电子跃迁类型

化合物名称	分子式	生色团	溶剂	λ_{max} /nm	ξ_{max} /L·mol^{-1}·cm^{-1}	跃迁类型
乙烷	C_2H_6		气体	135		σ-σ*
乙烯	$H_2C=CH_2$	—CH=CH—	气体	200	10000	π-π*
苯	C_6H_6	苯基	甲醇	185	60000	π-π*
				200	9000	
				255	230	
丙酮	$CH_3—CO—CH_3$	羰基	水	188	18600	π-π*
				276	13	n-π*
乙酸	CH_3COOH	C=O	乙醇	204	60	n-π*
苯甲酸	$C_6H_5—COOH$	苯基	乙醇	233	13000	π-π*
				274	800	
				204		
		羰基		389		n-π*
亚硝基丁烷	C_4H_9NO	—NO	乙醚	300	100	n-π*
吡啶	C_6H_5N	吡啶基	甲醇	195	7500	π-π*
				250	2000	n-π*
偶氮苯(顺式)	$C_6H_5—N=N—$	苯基—N=N—	环己烷	439	12600	π-π*

由生色团和助色团组成的有机化合物的颜色表现在紫外可见光区有较强吸收,生色团越多,共轭体系越大,吸收越强,颜色越深。生色团是具有 π-π^* 电子跃迁和 n-π^* 电子跃迁的不饱和基团,如烯烃、炔烃、苯、吡啶、偶氮基、羰基、硝基、亚硝基、碳亚氨基(=C=N—)和氰基(—CN)等。最大吸收波长出现在 185~800nm 之间。共轭环多烯化合物生色团的代表是芳香化合物如苯基及稠环芳烃。苯有三个吸收峰,分别是 255nm(B 带)、185nm(E 带)和 200nm(K 带),这是由苯的环状结构引起的,B 带是芳香化合物的 π-π^* 跃迁特征吸收带,E 带也是芳香化合物的特征吸收带,但强度大。苯环与其他生色团相连时,有 B 和 K 两个吸收峰,K 带相当于整个共轭键的基态向极性激发态跃迁。

助色团是有机化合物分子中连接在生色团上的取代基,分为推电子取代基助色团和吸电子取代基助色团。前者如烷基、烷氧基、—NH$_2$、—OH 等,后者如—NO$_2$、—NO 等。它们与生色团相连时,会改变有机化合物的吸收波长以及增加光吸收。

一般有机化合物分子中含有两个及两个以上的生色团时,它们所处的相对位置不同,影响分子在紫外可见光区的吸收带有如下规律。

(1) 当分子中两个或两个以上生色团相邻连接时,其吸收波长比只有一个生色团出现在较长波长处,且吸收强度增加。

(2) 当分子中两个生色团被一个以上的碳原子或杂原子(O、N、S)隔开,最大吸收波长与单个生色团相比基本不变,产生的光吸收大于两个生色团单独存在时的光吸收。

(3) 有机化合物芳香共轭体系生色团上接助色团取代基,一般会增色。若连接两个性质相反的助色团于生色团共轭体系的两端,吸收波长红移和吸收强度增加;若连接两个性质相同的助色团则吸收波长紫移和吸收减弱。

有机化合物吸收峰位置和强度也受使用溶剂种类和极性不同的影响。一般而言,溶剂极性增加,n-π^* 电子跃迁吸收带紫移,而 π-π^* 电子跃迁吸收带红移。综上所述,在实验中可以根据有机化合物在不同波长范围,不同溶剂出现的吸收峰位置和光吸收强度,初步判定该化合物所具有的有机化合物的种类归属及分子结构状况。

【仪器和试剂】

1. 仪器

紫外可见分光光度计(UV-2550,180~800nm),1 台;石英比色皿(带盖,1cm 厚度),2 个。

2. 试剂

(1) 甲苯,4.0×10^{-3} mol·L^{-1},溶剂,甲醇;

(2) 丙酮,1×10^{-2} mol·L^{-1},溶剂,水;

(3) 甲酸,1×10^{-2} mol·L^{-1},溶剂,水;

(4) 苯甲酸,1×10^{-3} mol·L^{-1},溶剂,水;

(5) 苯甲酸,1×10^{-3} mol·L^{-1},溶剂,环己烷;

(6) 水杨酸,1×10^{-3} mol·L^{-1},溶剂,水;

(7) 8-羟基喹啉,1×10^{-3} mol·L^{-1},溶剂,甲醇。

【实验步骤】

(1) 认真阅读所用分光光度计操作说明书和实验注意事项,启动仪器。在老师指导下,调整仪器参数达到实验要求。

（2）用上述相应溶解各试剂的溶剂为参比，分别测定上述几种溶液各自在 200～800nm 波长范围内的吸收光谱曲线。并记录各个溶液的光吸收峰和最大吸收波长（λ_{max}）及其吸光度 A（注意手持比色皿时，手指不要触及透光面）。

【数据处理】

（1）将各种被测样品的紫外可见吸收光谱图采用 excel 绘制出来。标出各吸收光谱曲线的主要吸收峰波长（λ）、相应的吸光度（A），用一张 A4 纸双面打印出来。

（2）指出表 6-1 中各溶液吸收峰所对应的电子跃迁吸收带类型。

（3）计算各种溶液的摩尔吸收系数 ε_{max}。

【思考题】

1. 为什么测定有机化合物溶液的紫外可见吸收光谱多用水、甲醇和环己烷为溶剂？
2. 各被测样品的吸收峰可能对应的电子跃迁吸收带类型是什么？据此说明什么问题？
3. 依据实验中的现象，说明不同溶剂对有机化合物紫外可见吸收光谱性质的影响。
4. 试讨论苯甲酸和甲酸吸收光谱性质差别与结构的关系。

实验 23　荧光光度法对生物物质进行定量分析

【实验目的】

1. 理解分子荧光光谱的产生机理及测定方法。
2. 掌握标准曲线法定量分析方法。
3. 了解荧光分光光度计的构造特点。

【实验原理】

色氨酸的吲哚基团含有刚性共轭体系，吸收了紫外光后会产生荧光，荧光强度与其含量呈正比关系，可用作色氨酸的定量测定。

蛋白质能使某些荧光染料的荧光发生猝灭作用，荧光强度下降的程度与蛋白浓度成正比，利用此性质可测定试样中蛋白质含量。本实验以曙红 Y 作为荧光试剂，在 pH=3 的介质中激发，发射峰约为 550nm。

【主要仪器和试剂】

1. 荧光分光光度计，1cm 石英比色皿，25mL 比色管。
2. $1.0g·L^{-1}$ 色氨酸标准溶液：准确称取 0.25g 色氨酸于 250mL 烧杯中，加水搅拌，溶解后转移至 250mL 容量瓶中，用水稀释至刻度，摇匀。用时稀释至 $50mg·L^{-1}$。
3. $4.0g·L^{-1}$ 蛋白质（牛血清白蛋白）标准溶液：准确称取 1.0g 牛血清白蛋白于 250mL 烧杯中，加水搅拌，溶解后转移至 250mL 容量瓶中，用水稀释至刻度，摇匀。
4. $0.25mol·L^{-1}$ 磷酸盐缓冲溶液（pH=10）：称取 90g $Na_2HPO_4·12H_2O$ 于 500mL 烧杯中，加水搅拌溶解，转移至试剂瓶中，用水稀释至 1000mL。
5. $0.25mol·L^{-1}$ 磷酸盐缓冲溶液（pH=3）：称取 39g $NaH_2PO_4·2H_2O$ 于 500mL 烧杯中，加水搅拌溶解，用 HCl 调节至 pH 3，转移至试剂瓶中，用水稀释至 1000mL。
6. 0.1% 曙红 Y 溶液。

【实验步骤】

1. 色氨酸定量分析

（1）荧光光谱　取 1 支 25mL 具塞比色管，加入 5.0mL $50mg·L^{-1}$ 色氨酸标准溶液，5.0mL $0.25mol·L^{-1}$ 磷酸盐缓冲溶液（pH 10），用水稀释至刻度，摇匀。用 1cm 比色皿，在荧光光度计上预设激发波长 290nm，300~450nm 范围进行扫描，然后设定最大发射波长，250~320nm 范围进行扫描，绘制 F-λ_{em} 和 F-λ_{ex} 曲线，选择最大荧光波长为测定波长。

（2）标准曲线　取 8 支 25mL 具塞比色管，分别加入 0.5mL、1.0mL、1.5mL、2.0mL、2.5mL、3.0mL、3.5mL、4.0mL 的色氨酸标准溶液（$50mg·L^{-1}$），再加入 5.0mL 磷酸盐缓冲溶液（$0.25mol·L^{-1}$，pH 10），用水稀释至刻度，摇匀。用 1cm 比色皿，在所选波长下测定各溶液的荧光强度，绘制 F-ρ（$mg·L^{-1}$）标准曲线（仪器自动）。

（3）试样中色氨酸含量的测定　取 7 支 25mL 具塞比色管，各加入 2.0mL 试样溶液，5.0mL 磷酸盐缓冲溶液（$0.25mol·L^{-1}$，pH 10），用水稀释至刻度，摇匀。在所选波长下测定荧光强度，由标准曲线得出试样中色氨酸的含量，计算平行测定的相对标准偏差。

2.蛋白质定量分析

(1) 荧光光谱　取 1 支 25mL 具塞比色管，加入 1.0mL 0.1% 曙红 Y 溶液、5.0mL 0.25mol·L^{-1}磷酸盐缓冲溶液（pH 3），用水稀释至刻度，摇匀。用 1cm 比色皿，在荧光光度计上预设激发波长 530nm，500～650nm 范围进行扫描，然后设定最大发射波长，470～550nm 范围进行扫描，绘制 F-λ_{em} 和 F-λ_{ex} 曲线，选择最大荧光波长为测定波长。

(2) 标准曲线　取 8 支 25mL 具塞比色管，分别加入 0.0mL、0.5mL、1.0mL、1.5mL、2.0mL、2.5mL、3.0mL、3.5mL 0.20g·L^{-1}蛋白质标准溶液，再加入 1.0mL 0.1% 曙红 Y 溶液、5.0mL 0.25mol·L^{-1}磷酸盐缓冲溶液（pH 3），用水稀释至刻度，摇匀。用 1cm 比色皿，在所选波长下测定各溶液的荧光强度，用计算机绘制 ΔF-ρ（mg·L^{-1}）标准曲线。

(3) 试样中蛋白质含量的测定　取 7 支 25mL 具塞比色管，各加入 2.0mL 试样溶液、1.0mL 0.1% 曙红 Y 溶液、5.0mL 0.25mol·L^{-1}磷酸盐缓冲溶液（pH 3），用水稀释至刻度，摇匀。在所选波长下测定荧光强度，由标准曲线方程计算试样中蛋白质的含量，并且计算平行测定的相对偏差。

【思考题】

1.为什么荧光光谱的形状与其激发波长无关？
2.简述有机化合物分子结构对荧光的影响。
3.荧光分光光度计与紫外可见分光光度计在结构上有什么不同？试着解释之。

实验 24 火焰原子吸收光谱法测定水样中的铜

【实验目的】

1. 加深理解火焰原子吸收光谱分析法的原理和仪器的构造。
2. 掌握火焰原子吸收分光光度计的基本操作技术。
3. 掌握标准曲线法测定元素含量的分析方法。

【方法原理】

原子吸收光谱分析法是基于从光源中发射出待测元素的特征辐射（共振光谱线）通过样品蒸气时，被待测元素的基态原子所吸收，由辐射的减弱程度求得待测元素含量的分析方法。

利用火焰的热能使样品中待测元素转化为基态原子的方法称为火焰原子吸收光谱法。常用的火焰为空气-乙炔火焰，其绝对分析灵敏度可达 10^{-9}g，可用于常见的 30 多种元素的分析。

原子吸收光谱分析法具有灵敏度高、选择性好、操作简便、分析速度快等优点，是测定无机物和有机物中的微量及痕量元素中应用最广泛的方法。

标准曲线法是原子吸收光谱分析中最常用的方法之一。该法是在数个容量瓶中分别加入一定比例的标准溶液，用适当溶剂稀释至一定体积后，在一定仪器条件下，依次测出它们的吸光度，以加入标准溶液的浓度为横坐标，相应的吸光度为纵坐标，绘出标准曲线。

试样经适当处理后，在与测定标准曲线吸光度的相同条件下测定其吸光度，根据试样溶液的吸光度，通过标准曲线即可查出试样溶液的含量，再换算成试样的含量。

【仪器和试剂】

1. 仪器

TAS-990 型原子吸收分光光度计；铜空心阴极灯；空压机；乙炔钢瓶等。

2. 试剂

铜标准溶液（储备液）1mg·mL^{-1}；铜标准溶液（工作液，使用前配制）0.025mg·mL^{-1}。

【实验步骤】

1. 试样的处理

准确吸取 1mL 的未知样到 25mL 比色管中，用蒸馏水稀释至刻度，摇匀，得到待测定的未知溶液（三份）。

2. 标准系列溶液的配制

准确吸取一定量的铜标准溶液于 25mL 比色管中，用蒸馏水稀释至刻度，摇匀，得铜标准溶液系列 1.0mg·L^{-1}、2.0mg·L^{-1}、3.0mg·L^{-1}、4.0mg·L^{-1}、5.0mg·L^{-1}。

3. 仪器工作条件

共振吸收线波长：324.8nm　　　H.C.L 电流：3mA

狭缝宽度：0.4nm　　　　　　　燃烧器高度：2mm
乙炔流量：1.5L·min^{-1}　　　空气流量：8L·min^{-1}

4. 测定标准系列溶液及试样溶液的吸光度

【数据记录与处理】

1. 列表记录标准系列溶液与试样溶液的吸光度。
2. 绘制铜的标准曲线。
3. 从标准曲线上查得试样溶液的含量进而计算出试样的含铜量。

【问题与讨论】

1. 是否在任意浓度范围内的标准曲线都是直线？
2. 仪器的工作条件是如何影响测定结果的？

实验 25　有机物红外光谱的测绘和结构分析

【实验目的】

1. 学习并掌握溴化钾压片法制备固体样品的方法。
2. 学习并掌握液膜法制备液体样品的方法。
3. 学习并掌握傅里叶变换红外光谱仪（FT-IR）的使用方法。
4. 初步学会解析红外吸收光谱图。

【实验原理】

红外光谱是研究分子振动和转动信息的分子光谱，根据物质对不同波长光的吸收不同，可以反映分子化学键的特征吸收，可用于化合物的结构分析和定量测定。红外光谱可以用吸收峰谱带的位置和峰的强度加以表征。根据实验所测绘的红外光谱图的吸收峰位置、强度和形状，利用基团振动频率与分子结构的关系来确定吸收带的归属，确认分子中所含的基团或化学键，并推断其分子的结构。红外光谱定性分析常用方法有已知物对照法和标准谱图查对法。在相同的制样和测定条件下，被分析样品和标准纯化合物的红外光谱吸收峰的数目及其相对强度、弱吸收峰的位置等一致时，可认为两者是同一化合物。红外光谱还可以进行互变异构体的鉴定，如乙酰乙酸乙酯有酮式及烯醇式互变异构，在红外光谱上能够看出各异构体的吸收带。

【仪器和试剂】

1. 仪器

FTIR-650（高配）傅里叶变换红外光谱仪；可拆式液池；玛瑙研钵；氯化钠盐片。

2. 试剂

苯甲酸；溴化钾；无水乙醇；乙酰乙酸乙酯；四氯化碳。

【实验步骤】

1. 波数检验

将聚苯乙烯薄膜插入 FTIR-650（高配）傅里叶变换红外光谱仪的样品池处，在 $4000\sim650\text{cm}^{-1}$ 进行波数扫描，得到吸收光谱。

2. 测绘苯甲酸的红外吸收光谱（溴化钾压片法）

将研钵和压片器具用无水乙醇洗干净，烘干后再使用。在红外干燥器中取 200mg 干燥的溴化钾粉末于玛瑙研钵中，在红外干燥灯照射下研磨并压片，测定红外光谱。

取 1～2mg 苯甲酸，加入 100～200mg 溴化钾粉末，在玛瑙研钵中充分磨细（颗粒约 $2\mu\text{m}$），使之混合均匀，并将其在红外灯下烘 10min 左右。取出约 80mg 混合物均匀铺撒在干净的压模内，于压片机上在 29.4MPa 压力下，压 1min，制成直径为 13mm、厚度为 1mm 的透明薄片。将此片装于固体样品架上，样品架插入 FTIR-650（高配）傅里叶变换红外光谱仪的样品池处，在 $4000\sim650\text{cm}^{-1}$ 进行波数扫描，得到吸收光谱。

3. 测绘乙酰乙酸乙酯的红外吸收光谱（液膜法）

戴上指套，取两片氯化钠盐片，用四氯化碳清洗其表面，并放入红外灯下烘干备用。在可拆式液体池的金属池板上垫上橡胶圈，在孔中央位置放一盐片，然后滴半滴液体试样于盐片上，将另一盐片平压在上面（注意不能有气泡），垫上橡胶圈，将另一金属片盖上，对角方向旋紧螺钉（螺钉不宜拧得过紧，否则会压碎盐片）。将盐片夹紧在其中，然后将此液体池插入 FTIR-650（高配）傅里叶变换红外光谱仪的样品池处，在 $4000\sim650\mathrm{cm}^{-1}$ 进行波数扫描，得到吸收光谱。

【数据处理】

解析实验所得红外谱图，指出各谱图上主要吸收峰的归属。以苯甲酸为例，苯甲酸的部分特征吸收峰见表 6-2。

表 6-2 苯甲酸的特性吸收及对应基团（KBr 压片）

特征吸收峰/cm^{-1}	振动类型	对应基团
707、670	苯环上的碳氢的面外弯曲振动	—CH
1179、1127、1068	苯环上的碳氢的面内弯曲振动	—CH
1300	碳氧的伸缩振动	—C—O
1422	碳氧氢的变形振动	—C—O—H
1690	羰基的伸缩振动	—C=O
3010、2835、2674.5、2558	—OH 缔合	—OH
3030~3100	苯环上的碳氢伸缩振动	—CH

注：1. 解析苯甲酸的红外吸收光谱图。指出各谱图上主要吸收峰的归属。
2. 解析乙酰乙酸乙酯的红外吸收光谱图。指出各谱图上主要吸收峰的归属。

【注意事项】

1. KBr 粉末放于干燥器中以防吸水或与空气中的物质反应，研磨时靠近红外干燥器，减小误差。

2. 氯化钠盐片易吸水，取盐片时需戴上指套。扫描完毕，应用四氯化碳清洗盐片，并立即将盐片放回干燥器内保存。

【问题讨论】

1. 红外分光光度计与紫外-可见分光光度计在光路设计上有何不同？为什么？
2. 试样含有水分及其他杂质时，对红外吸收光谱分析有何影响？如何消除？
3. 为什么测试粉末固体样品的红外光谱时选用 KBr 制样？有何优缺点？

实验 26 氟离子选择性电极测定自来水中 F⁻ 含量

【实验目的】

1. 掌握氟离子选择性电极测定水中 F⁻ 浓度的原理和方法。
2. 学会正确使用氟离子选择性电极和电位分析仪。
3. 熟悉用标准曲线法和标准加入法测定水中 F⁻ 的浓度。

【实验原理】

氟离子选择性电极是以氟化镧单晶片为敏感膜的电位指示电极，对溶液中的氟离子具有良好的选择性。氟电极与饱和甘汞电极组成的电池可表示为：

$$Ag|AgCl(s)|(1mmol \cdot L^{-1} NaF, 0.1mol \cdot L^{-1} NaCl)|LaF_3(单晶膜)|$$
$$F^-(试液)||KCl(饱和),Hg_2Cl_2(s)|Hg(l)$$

电池电动势（E）为：

$$E = \varphi_{甘汞} - \varphi_{氟} + \varphi_{液接} = \varphi_{甘汞} - (\varphi_{Ag \cdot AgCl} + E_{膜}) + \varphi_{液接}$$

在 25℃ 时，$E_{膜} = E_{外} - E_{内} = 0.059 \lg a_{F^-}(外) - 0.059 \lg a_{F^-}(内) = K + 0.059 \lg a_{F^-}$（外），而 $\varphi_{甘汞}$、$\varphi_{Ag \cdot AgCl}$、$E_{内}$ 为常数，$\varphi_{液接}$ 也可视为常数，则得：

$$E = 常数 - 0.059 \lg a_{F^-}(外)$$

即电池的电动势与试液中氟活度的负对数呈线性关系。这就是离子选择性电极测定氟的理论依据。

用氟电极测定氟时，最适宜的 pH 值范围为 5.5～6.5。pH 值过低，易形成 HF_2^-，影响氟活度；pH 值过高，易引起单晶膜中 La^{3+} 的水解，形成 $La(OH)_3$ 沉淀，影响电极的响应。故通常用 pH≈6 的柠檬酸钠缓冲溶液来控制溶液的 pH 值，并同时达到控制溶液总离子强度的目的，柠檬酸盐还可消除 Al^{3+}、Fe^{3+}、Si^{4+} 对测定的严重干扰，其他常见离子无影响。故柠檬酸钠溶液（pH≈6）又称为总离子强度缓冲溶液（TISAB）。

具体测量时采用标准曲线法。操作时配制一系列浓度不同的标准溶液，在标准系列和待测试液中加入相同量的总离子强度调节缓冲溶液，以控制离子强度，使 pH 值为定值并掩蔽干扰离子，来保证活度系数与 pH 值不变。测定标准系列和待测试液的 E 值，绘制标准系列浓度对 E(mV) 的工作曲线，根据样品的 E 值，可在工作曲线上查出 F⁻ 的浓度。

【仪器和试剂】

1. 仪器

电位分析仪，氟离子选择性电极，饱和甘汞电极，电磁搅拌器，吸量管，100mL 容量瓶等。

2. 试剂

（1）氟标准储备溶液　称取于 110℃ 干燥 2h 并冷却的 NaF 0.1105g，用水溶解后转入 500mL 容量瓶中，稀释至刻度，摇匀。储于聚乙烯瓶中。此溶液每 1mL 含 F⁻ 100μg。

（2）氟标准溶液　吸取 10.00mL 氟标准储备溶液于 100mL 容量瓶中，用水稀释至刻度，摇匀。此溶液每 1mL 含 F⁻ 10.0μg。

(3) 总离子强度调节缓冲溶液（TISAB） 量取 500mL 水于 1000mL 烧杯中，加入 57mL 冰醋酸，58g NaCl，12g 柠檬酸钠（$Na_3C_6H_5O_7 \cdot 2H_2O$），搅拌至溶解。将烧杯放冷后，缓慢加入 $6mol \cdot L^{-1}$ NaOH 溶液，直到 pH 值在 5.0～5.5 之间，冷至室温，转入 1000mL 容量瓶中，用去离子水稀释至刻度。

【实验步骤】

1. 氟电极的准备

电极使用前在 $1.0 \times 10^{-3} mol \cdot L^{-1}$ NaF 溶液中浸泡 1～2h，进行活化，再用去离子水清洗电极到空白电位，即氟电极在去离子水中的电位＞300mV（此值各电极不一样）。

2. 标准曲线法

吸取 $10 \mu g \cdot mL^{-1}$ 的氟标准溶液 0.00mL、0.50mL、1.00mL、3.00mL、5.00mL、8.00mL、10.00mL，自来水样 20.00mL（或适量水样），分别放入 8 个 100mL 容量瓶中，各加入 20mL TISAB 溶液，用水稀释至标线，摇匀。由低浓度到高浓度，依次移入塑料烧杯中（空白溶液除外），插入氟电极和参比电极，放入一只塑料搅拌子，电磁搅拌 2min，静置 1min 后读取平衡电位（达平衡电位所需时间与电极状况、溶液浓度和温度等有关，视实际情况掌握），最后测定水样电位值。在每一次测量之前，都要用水将电极冲洗干净，并用滤纸吸干。

列表记录测量结果，在坐标纸上作 $E\text{-}lg c_{F^-}$ 图，即得标准曲线，或用 excel 线性回归得标准曲线。根据标准曲线查出稀释后水样的 F^- 浓度（或 pF 值），然后计算出水样中 F^- 含量。

3. 一次标准加入法

取 20.00mL 自来水样（或适量）于 100mL 容量瓶中，加入 20mL TISAB 溶液，用水稀释至刻度，摇匀，移取 60.00mL 水样至 100mL 的干燥烧杯中，测定电位值 E_1。

向被测溶液中加入 0.60mL 浓度为 $100 \mu g \cdot mL^{-1}$ 的氟标准溶液，搅拌均匀，测定其电位值为 E_2。

其电位差值 $\Delta E = E_1 - E_2$，由 ΔE 计算自来水样中氟离子的浓度为：

$$c_{F^-} = \frac{c_s V_s}{V_x + V_s} (10^{\Delta E/s} - 1)^{-1}$$

式中，c_s 和 V_s 分别为标准溶液的浓度和体积；c_{F^-} 和 V_x 分别为所移取试液的氟离子浓度和体积；s 为电极响应斜率，理论值［为 $2.303RT/(nF)$］和实际值有一定的差别，为避免引入误差，可由计算标准曲线的斜率求得。

【思考题】

1. 用氟电极测定 F^- 浓度的原理是什么？
2. 总离子强度调节缓冲溶液由哪些组分组成，各组分的作用是什么？
3. 用标准系列法测量电位值时，为什么测定顺序要由稀到浓？

实验 27　库仑滴定法测定药片中维生素 C 的含量

【实验目的】

1. 掌握库仑滴定法的基本原理。
2. 学会库仑分析仪的使用方法和关键操作技术。
3. 掌握库仑滴定法测定维生素 C 含量的基本原理和方法。

【实验原理】

库仑滴定法是用恒电流电解产生滴定剂，在电解池中与被测定物质定量反应来测定该物质的一种分析方法。若电解的电流效率为 100%，电生滴定剂与被测物质的反应是完全的，而且有灵敏的确定终点的方法，那么所消耗的电量与被测定物质的量成正比，根据法拉第定律可进行定量计算：

$$m = \frac{M}{nF}Q = \frac{M}{nF}it$$

式中　m——电解析出物质的质量，g；

　　　M——电解析出物质的摩尔质量，g·mol^{-1}；

　　　n——电极反应中的电子转移数；

　　　F——法拉第常数，$F = 96487$ C·mol^{-1}；

　　　Q——电量；

　　　i——电流强度，A；

　　　t——电解时间。

本实验使用库仑分析仪，如图 6-1 所示，用恒电流电解 KI 的酸性溶液，使 I$^-$ 在铂阳极上氧化为 I$_2$。

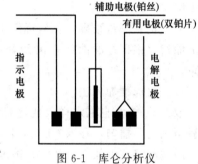

图 6-1　库仑分析仪

阳极　2I$^-$ ══ I$_2$ + 2e$^-$　　　有用电极（双铂片）

阴极　2H$^+$ + 2e$^-$ ══ H$_2$↑　　辅助电极（铂丝）

电解产生的 I$_2$ 与维生素 C（也称抗坏血酸）发生氧化还原反应：

抗坏血酸 + I$_2$ ══ 脱氢抗坏血酸 + 2I$^-$ + 2H$^+$

该反应能快速而定量地进行，因此可通过电生 I$_2$，用库仑滴定法测定抗坏血酸。滴定终点用双铂电极电流法指示。在双铂指示电极间加一小的极化电压（150mV），由于抗坏血酸和脱氢抗坏血酸电对的不可逆性，它们不会在电极上发生氧化还原反应。在滴定的等当点前，由于溶液中没有过量的 I$_2$ 存在，阳极处于理想极化状态，所以只有极微小的残余电流通过。一过等当点，溶液中有了过量的 I$_2$，则指示电极上便发生如下反应：

阴极　I$_2$ + 2e$^-$ ══ 2I$^-$

阳极　2I$^-$ − 2e$^-$ ══ I$_2$

这时，指示电极的电流迅速增大。此指示电流信号经微电流放大器进行放大，然后经微分电路输出一脉冲信号触发电路，再推动开关执行电路自动关闭电解回路。

【仪器和试剂】

1. 仪器

库仑分析仪，电磁搅拌器，磁搅拌子，洗瓶，移液管（2mL、5mL），胶头滴管，分析天平，洗耳球，容量瓶（50mL）。

2. 试剂

2mol·L^{-1} KI，0.1mol·L^{-1} HCl，抗坏血酸标准溶液，维生素 C 药片。

【实验步骤】

(1) 称取 0.0898g 抗坏血酸基准物于 50mL 容量瓶中，稀释至刻度，摇匀。

(2) 取市售维生素 C 一片，研磨至粉末状，称重，转入烧杯中，用 5mL 0.1mol·L^{-1} 的 HCl 溶解并转入 50mL 容量瓶中，用蒸馏水稀释至刻度，摇匀，放置至澄清，备用。

(3) 电解液的配制

取 5mL 2mol·L^{-1} 的 KI、1mL 1mol·L^{-1} 的 HCl 置于库仑池内，用二次蒸馏水稀释至 100~120mL，置于电磁搅拌器上搅拌均匀。

(4) 测量　准确移取 1.0mL 抗坏血酸标准溶液置于库仑池内，搅拌均匀后按仪器的正确操作指示方法进行测量。重复三次，取平均值。

(5) 准确移取 1.0mL 维生素 C 药片澄清试液进行测量，重复三次，取平均值。

(6) 回收率测定

移取 20.00mL 维生素 C 药片澄清试液于 50mL 容量瓶中，加入 0.0324g 抗坏血酸基准物，稀释至刻度。测定三次，计算回收率：

$$回收率 = \frac{总测定值 - 本法测定药片中维生素 C 值}{加入量} \times 100\%$$

【实验数据及数据处理】

项目	抗坏血酸标准溶液			维生素 C 药片澄清试液		
固体样品质量 m/g						
配成溶液体积 V/mL						
测定时移取体积 V/mL						
电量 Q/C						
平均电量 Q/C						
药片中维生素 C 含量						

【思考题】

1. 库仑滴定法的基本原理是什么？
2. 库仑滴定的前提条件是什么？
3. 配制维生素 C 试液时为何要加入 HCl？

实验 28　循环伏安法判断电极反应过程可逆性

【实验目的】

1. 掌握循环伏安法的基本原理。
2. 掌握电极反应机理的判断依据。
3. 了解电分析化学实验数据分析的基本方法。

【实验原理】

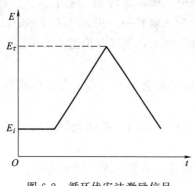

图 6-2　循环伏安法激励信号

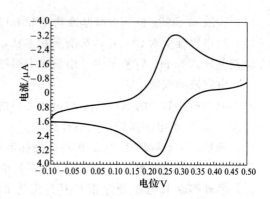

图 6-3　循环伏安曲线

循环伏安法是在电极上施加线性扫描电位（如图 6-2 所示），当到达某设定的终止电位后，再反向扫描至某设定的起始电位，若溶液中存在氧化态 O，电极上将发生还原反应：

$$O + ne^- \longrightarrow R$$

反向扫描时，电极上生成的还原态 R 将发生氧化反应：

$$R - ne^- \longrightarrow O$$

从循环伏安图可确定氧化峰峰电流 i_{pa} 和还原峰电流 i_{pc}，氧化峰峰电位 E_{pa} 值和还原峰峰电位 E_{pc} 值。对于可逆体系，其峰电流为：

$$i_p = 2.69 \times 10^5 n^{3/2} AD^{1/2} v^{1/2} c$$

式中，i_p 为峰电流，A；A 为电极面积，cm^2；D 为被分析物质的扩散系数，$cm^2 \cdot s^{-1}$；v 为电位极化速度，$V \cdot s^{-1}$；c 为被分析物质浓度，$mol \cdot L^{-1}$。

对于可逆体系，通常满足下列条件。

(1) 氧化电位与还原电位之差理论上为 $59/n(mV)$，实际中一般为 $57 \sim 63/n(mV)$。
(2) 氧化峰与还原峰电流之比接近 1:1。
(3) 峰电流与扫描速度的平方根成正比。
(4) 峰电位不随扫描速度的改变而移动。

由此可判断电极过程的可逆性。

【仪器和试剂】

1. 仪器

电化学工作站，玻碳电极，铂丝对电极，饱和甘汞参比电极，超声波清洗器。

2. 试剂

$1.0×10^{-2}$ mol·L^{-1} K$_3$Fe(CN)$_6$/K$_4$Fe(CN)$_6$，0.5 mol·L^{-1} KNO$_3$。

【实验步骤】

1. 电极预处理

用 Al$_2$O$_3$ 粉乳浊液将玻碳电极表面抛光（或用抛光机处理），然后依次分别用 HNO$_3$、乙醇和蒸馏水超声清洗 1min，晾干待用。

2. 扫描速率对 K$_3$Fe(CN)$_6$ 电极响应的影响

在电解池中放入 $1.00×10^{-3}$ mol·L^{-1} K$_3$Fe(CN)$_6$/K$_4$Fe(CN)$_6$ 和 0.50 mol·L^{-1} KNO$_3$ 溶液，插入清洗后的玻碳电极、铂丝对电极和饱和甘汞电极，通入 N$_2$ 除去 O$_2$。

以 10mV·s^{-1}、20mV·s^{-1}、40mV·s^{-1}、60mV·s^{-1}、80mV·s^{-1}、100mV·s^{-1}、200mV·s^{-1} 等不同扫描速率，在 $-0.20\sim+0.60$V 电位范围内进行循环伏安扫描，记录相应的循环伏安曲线，如图 6-3 所示。

3. K$_3$Fe(CN)$_6$ 溶液浓度对电极响应的影响

以 100mV·s^{-1} 扫描速率在 $-0.20\sim+0.50$V 电位范围内分别扫描含 $1.00×10^{-2}$ mol·L^{-1}、$5.00×10^{-3}$ mol·L^{-1}、$1.00×10^{-3}$ mol·L^{-1}、$5.00×10^{-4}$ mol·L^{-1} 和 $1.00×10^{-4}$ mol·L^{-1} 的 K$_3$Fe(CN)$_6$/K$_4$Fe(CN)$_6$ + 0.50 mol·L^{-1} KNO$_3$ 溶液，并记录相应的循环伏安曲线。

【数据处理】

1. 记录不同条件下用循环伏安法测定 K$_3$Fe(CN)$_6$/K$_4$Fe(CN)$_6$ 溶液的 i_{pa}、i_{pc} 和 E_{pa}、E_{pc}。

2. 分别以 i_{pc} 和 i_{pa} 对 $v^{1/2}$ 作图，说明峰电流与扫描速率间的关系。

3. 计算 i_{pa}/i_{pc} 值和 ΔE_p 值。

4. 从实验结果说明 K$_3$Fe(CN)$_6$ 在 KCl 溶液中电极过程的可逆性。

5. 考察峰电流与浓度的关系。

【注意事项】

1. 玻碳电极表面必须仔细清洗，否则严重影响循环伏安曲线的形状。

2. 每次扫描之间，为使电极表面恢复初始条件，应搅拌溶液，并等溶液静止 $1\sim2$min 后进行下一次循环伏安扫描。

【问题讨论】

1. 解释 K$_3$Fe(CN)$_6$ 溶液的循环伏安曲线的形成机理。

2. 如何用循环伏安法来判断极谱电极过程的可逆性？

3. 若在溶液中长时间循环扫描，是否会导致 K$_3$Fe(CN)$_6$ 溶液浓度改变？试说明其原因。

实验 29　阳极溶出伏安法测定水样中铅镉含量

【实验目的】

1. 掌握阳极溶出伏安法的实验原理。
2. 掌握标准加入法的基本原理。
3. 了解微分脉冲伏安法的基本原理。

【实验原理】

溶出伏安法（stripping voltammetry）包含电解富集和电解溶出两个过程，其电流-电位曲线如图 6-4 所示。首先将工作电极固定在产生极限电流的电位上进行电解，使被测物质富集在电极上。为了提高富集效果，可同时使电极旋转或搅拌溶液，以加快被测物质输送到电极表面的速度，富集物质的量与电极电位、电极面积、电解时间和搅拌速度等因素有关。经过一定时间的富集后，停止搅拌，再逐渐改变工作电极电位，电位变化的方向应使电极反应与上述富集过程电极反应相反。记录所得的电流-电位曲线，称为溶出曲线，呈峰状，峰电流的大小与被测物质的浓度有关。电解时工作电极作为阴极，溶出时作为阳极，称为阳极溶出伏安法；反之，工作电极作为阳极进行富集，而作为阴极进行溶出，称为阴极溶出伏安法。溶出伏安法具有很高的灵敏度，对某些金属离子或有机物的检测可达 $10^{-10} \sim 10^{-15}$ mol·L^{-1}，因此，应用非常广泛。

例如，在盐酸介质中测定痕量铅、镉时，先将悬汞电极的电位固定在 -0.8V，电解一定时间，此时溶液中的一部分铅、镉在电极上还原，并生成汞齐，富集在悬汞滴上。电解完毕后，使悬汞电极的电位均匀地由负向正变化，首先达到可以使镉汞齐氧化的电位，这时，由于镉的氧化，产生氧化电流。当电位继续变正时，由于电极表面层中的镉已被氧化得差不多了，而电极内部的镉又还来不及扩散出来，所以电流就迅速减小，这样就形成了峰状的溶出伏安曲线。同样，当悬汞电极的电位继续变正，达到铅汞齐的氧化电位时，也得到相应的溶出峰，如图 6-5 所示。其峰电流与被测物质的浓度成正比，这是溶出伏安法定量分析的基础。

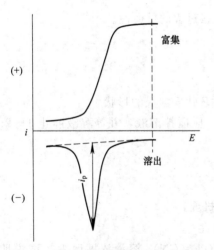

图 6-4　溶出伏安法的富集和溶出过程

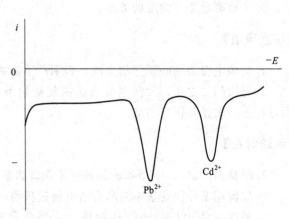

图 6-5　盐酸介质中铅、镉离子的溶出伏安曲线

【仪器和试剂】

1.仪器

电化学工作站，玻碳电极，铂丝对电极，饱和甘汞参比电极，超声波清洗器，微量移液器，电磁搅拌器。

2.试剂

1.0×10^{-2} mol·L^{-1} Hg^{2+} 标准溶液，1.0×10^{-2} mol·L^{-1} Pb^{2+} 标准溶液，1.0×10^{-2} mol·L^{-1} Cd^{2+} 标准溶液。

【实验步骤】

1.电极预处理

用 Al$_2$O$_3$ 粉乳浊液将玻碳电极表面抛光（或用抛光机处理），然后依次分别用 HNO$_3$、乙醇和蒸馏水超声清洗 1min，晾干待用。

2.实验过程

（1）向 10mL 小烧杯中，加入 300μL 1mol·L^{-1} HCl，100μL Hg^{2+} 标准溶液，再依次加入 4.00mL 水样和 5.60mL 蒸馏水，置于电磁搅拌器上搅拌 1min，备用。

（2）设置微分脉冲溶出伏安法相关参数，并运行，获得在 $-1.0\sim 0$V 之间的溶出伏安曲线，记录其溶出峰峰电流和溶出峰峰电位。

（3）向样品中加入 10μL Cd^{2+} 和 10μL Pb^{2+} 标准溶液，搅拌 1min，测得其溶出峰峰电位和溶出峰峰电流。

（4）按照第（3）步操作，分别再加两次 Pb^{2+}、Cd^{2+} 标准样品，获得相应的溶出峰峰电位和溶出峰峰电流。

（5）绘制标准加入法的工作曲线，计算水样中 Cd^{2+} 和 Pb^{2+} 的含量。

（6）实验结束，整理实验数据后离开实验室。

【注意事项】

1.每次测试后，电极要在正电位条件下清洗。

2.加标准液后要搅拌混匀后再进行电化学测试。

【问题讨论】

1.能否把富集电位改在铅、镉离子溶出峰峰电位之间？为什么？

2.延长富集时间，铅、镉离子溶出峰峰电流会怎么变？为什么？

3.如果改用线性扫描伏安法测定，其溶出峰峰电流会怎么变？

实验 30　气相色谱峰面积及校正因子的测量

【目的要求】

1. 了解气相色谱的原理及仪器构造，重点掌握热导池检测器的响应特点。
2. 学会常用的色谱峰面积测量方法；掌握色谱校正因子的概念及测量方法。
3. 掌握正确的气相色谱进样技术和仪器使用。

【实验原理】

由于不同量的物质在同一检测器上响应值不同，定量分析的基础为进样量与相应信号成正比：$m=fA$；即 $f=m/A$。待测物与标准物的校正因子之比为该物质的相对校正因子 f'_{is}。

$$A = 1.065 h W_{h/2}$$

$$f'_{is} = f'_i / f'_s = \frac{m_i}{A_i} \times \frac{A_s}{m_s}$$

【仪器与试剂】

1. 仪器

103 和 102G 型气相色谱仪，热导池（TCD）检测器，5μL 微量注射器。

2. 试剂

柱材料为邻苯二甲酸二壬酯固定液，2‰双-(6-氧间羧基苯磺酰基)-β-环糊精固定液/上试 101 白色载体（60～80 目），正己烷，苯。

【实验步骤】

1. 实验条件

色谱柱，2000mm×φ4mm 不锈钢柱；流动相，H_2 35mL·min^{-1}；$T_c=70℃$；$T_i=120℃$；$T_D=110℃$；桥电流=140mA。

2. 操作步骤

打开氢气钢瓶，调节减压阀及柱前稳压阀，使载气流速为 35mL·min^{-1}，打开主机电源、恒温箱加热开关、桥电流开关及记录仪开关，至恒温箱为 100℃，桥电流为 150mA，待基线平稳后，可进行分析。

准确称取苯（标准）、环己烷，混匀进样。

【数据处理】

手动处理数据，计算三组数据的峰面积及定量校正因子，并计算结果的相对偏差。

【问题讨论】

测量峰面积误差的主要来源是什么？

【注意事项】

使用热导池检测器，一定注意开机时先通载气，后加桥电流；关机时，先关桥电流，后关载气；检测室恒温操作，严防温度波动。

附：102G-气相色谱仪（TCD 的单柱单气路系统）操作步骤

（1）先检查进样口的硅胶垫是否完好。

（2）打开氢气发生器，控制仪器氢气流速在约 25～35mL·min^{-1}→启动总开关→开层析室加温至 40℃以上→调节层析室温度调节旋钮，调加热指示灯为半明半暗→开气化室温控，升温至 110℃以上→调节气化室温度调节旋钮，调加热指示灯为半明半暗。

（3）打开桥电流，约 150mA（在热导池电源），稳定 30min 后即可。

（4）打开记录仪电源，进样，开走纸记录，走纸速度为 1200mm·h^{-1}。

（5）实验完毕后关机时，与开机顺序相反。关闭时，关记录仪走纸开关→关记录仪电源→关桥电流→关气化室温控→关层析室温控→关总开关。

注意：等到温度降到室温左右后再关载气。

实验 31 气相色谱定量分析

【实验目的】

1. 掌握气相色谱定量分析原理。
2. 了解定量校正因子的意义、用途和测定方法。
3. 掌握气相色谱定量分析方法,并根据试样性质和定量要求正确选择合适的定量方法。

【实验原理】

气相色谱定量分析的依据是在一定色谱条件下,分析试样中组分的量与检测器产生的响应信号成正比,响应信号可用峰面积或峰高表示:$m=fA$。即 $f=m/A$。与标准物的校正因子之比为相对校正因子 f'_{is}。

常用的定量分析方法有归一化法、内标法、外标法,每种方法有一定的适用条件。归一化法要求样品中所有组分都从色谱柱洗出并都有相应的色谱峰响应,计算公式为:

$$w_i = \frac{m_i}{m_1+m_2+\cdots+m_n} \times 100\% = \frac{A_i f'_i}{\sum_1^n A_i f'_i} \times 100\%$$

内标法用于测定试样中某一个或几个组分,只要求被测组分有相应的色谱峰响应,在一定量样品中,加入一个样品中不存在且能与样品中组分很好分离的一定量某纯物质作为内标物,计算公式为:

$$w_i = \frac{m_i}{m} \times 100\% = \frac{m_i}{m_s} \times \frac{m_s}{m} \times 100\% = \frac{A_i f'_i}{A_s f'_s} \times \frac{m_s}{m} \times 100\%$$

式中 w_i——组分 i 的百分含量;

m——样品质量;

m_s——内标物质量;

A_i,A_s——组分 i 和内标物 s 的峰面积;

f'_i,f'_s——组分 i 和内标物 s 的相对定量校正因子。

若内标物与测定相对定量校正因子的标准物为同一物质,则 $f'_s=1$,计算公式则为:

$$w_i = \frac{m_i}{m} \times 100\% = \frac{A_i f'_i}{A_s} \times \frac{m_s}{m} \times 100\%$$

外标法的标准物与待测物为同一化合物,在相同条件下,分析标准物与待测物,在标准物与待测物进样量相等时:

$$w_i = \frac{A_i}{A_{is}} \times w_{is}\%$$

式中 w_i——样品中组分 i 的百分含量;

w_{is}——标样中组分 i 的百分含量;

A_i——样品中组分 i 的峰面积;

A_{is}——标样中组分 i 的峰面积。

【仪器和试剂】

气相色谱仪，TCD，1μL、10μL、100μL 微量注射器，秒表。

苯，甲苯，己烷，环己烷（分析纯）；双-(6-氧间羧基苯磺酰基)-β-环糊精固定液，液担比为 2%；上试 104 硅烷化白色担体（80~100 目）。

【实验步骤】

1. 色谱条件

2m×φ4mm 不锈钢柱；2% 双-(6-氧间羧基苯磺酰基)-β-环糊精固定液；载气 H_2，20mL·min^{-1}；$T_c=85℃$；$T_i=100℃$；$T_D=80\sim100℃$；桥电流=150mA；记录仪量程 1mV。

2. 调试仪器

打开氢气钢瓶，调节减压阀及柱前稳压阀，打开主机电源。先升检测器和气化室温度，待温度达到后，再升柱温。打开桥电流，调节桥电流，接好记录仪电源，预热 20min，调节记录笔到合适的位置，待基线平稳后即可进样。

3. 测定相对质量校正因子

于 5.0mL 小容量瓶中，准确取 100μL 正己烷（密度为 0.66g·mL^{-1}），加入 100μL 苯（密度为 0.88g·mL^{-1}），计算各自量或分别称重，二者混合，待仪器基线稳定后，进样 2~3 次，分析二元混合物，获得正己烷和苯的峰面积，计算正己烷对苯的相对定量校正因子。

4. 定量测定组分含量

（1）若分析试样中只含有正己烷、环己烷、甲苯，可按归一化法计算各组分含量（可按上述方法获得环己烷、甲苯对苯的相对定量校正因子）。

（2）若分析试样中除含有正己烷、环己烷、甲苯外，还含有其他未定性检定或未测相对定量校正因子的组分，则用内标法测定正己烷等含量。

在分析天平上，于 5.0mL 容量瓶中，取 100μL 混合试样准确称重，然后加入 100μL 内标物苯准确称重。

在上述色谱条件下，进样分析加入内标物的试样，测定正己烷和苯的峰面积，按内标法计算正己烷的含量。

【数据处理】

1. 取 3 次进样洗出的色谱峰面积平均值，计算正己烷的定量校正因子。

2. 按归一化法公式计算混合物试样中各组分含量；按内标法公式计算试样中正己烷含量。

【思考题】

1. 常用气相色谱定量方法的适用范围、特点有哪些？
2. 哪些定量方法可采用校正曲线进行定量测定？
3. 定量校正因子与检测器灵敏度有什么区别和联系？

实验 32　热导池检测器（TCD）灵敏度的测定

【实验目的】

1. 掌握气相色谱仪的正确使用方法及开关机顺序。
2. 了解气相色谱仪构造及 TCD 的检测原理。
3. 学会测量仪器安装调试时需要的衡量指标 TCD 灵敏度和相关计算方法。

【实验原理】

TCD 为气相色谱通用型、浓度型检测器，对有机、无机样品都有响应。在一定范围内，输出的信号大小与样品的浓度成正比。

【仪器和试剂】

气相色谱仪（TCD 检测器）；1μL 微量注射器；秒表。

苯（色谱纯），双-(6-氧间羧基苯磺酰基)-β-环糊精固定液，液担比为 2%；上试 104 硅烷化白色担体（80～100 目）。

【实验步骤】

1. 色谱条件

2m×φ4mm 不锈钢柱；2%双-(6-氧间羧基苯磺酰基)-β-环糊精固定液；载气 H_2，20mL·min^{-1}；T_c=85℃；T_i=100℃；T_D=80～100℃；桥电流=150mA；记录仪量程 1mV。

2. 调试仪器

打开氢气钢瓶，调节减压阀及柱前稳压阀，打开主机电源；先升检测器和气化室温度，待温度达到后，再升柱温。打开桥电流，调节桥电流；接好记录仪电源，预热 30min，调节记录笔到合适的位置，待基线平稳后即可进样。

3. 灵敏度的测定

吸取 5mg·mL^{-1} 苯的甲苯溶液 1μL 进样 3 次，取其平均值，计算灵敏度（平行试验相对偏差不超过 3%）。

4. 流动相体积流速 F_c 的求算

用皂沫流量计测定 F_c，再进行校正得 F_c'。

5. 按开机的相反顺序关机。

【数据处理】

$$S = \Delta R / \Delta C$$

对于浓度型检测器，ΔR 取 mV，Δc 取 mg·cm^{-3}，灵敏度 S 的单位是 mV·cm^3·mg^{-1}。浓度型检测器灵敏度的计算公式为：

$$S_c = \frac{A_i c_2 F_c'}{m c_1}$$

式中　S_c——热导池检测器灵敏度，mV·cm^3·mg^{-1}；

A_i——色谱峰面积，cm^2；

c_2——记录仪灵敏度，mV·cm^{-1}；
F'_c——流动相的体积流速，cm^3·min^{-1}；
m——进入检测器的样品量，mg；
c_1——记录纸移动速度，cm·min^{-1}。

【注意事项】

1. 一定要按照严格的开机顺序先开气再开电，先关电再关气。
2. 各个部分升温要缓慢进行，防止超温，一定要耐心细致操作仪器、进样。
3. 桥电流不得超过最大允许值。

【问题讨论】

1. 为什么 TCD 通常用灵敏度来评价其性能而不用检测限？
2. 为提高 TCD 的灵敏度，是否桥电流越大越好？

附：103 气相色谱仪（TCD 双柱双气路系统）操作步骤

（1）先检查进样口的硅胶垫是否完好。

（2）打开 CH-1 高纯氢气发生器电源，通过转子流量计观测检查并确保气路中有载气通过，控制仪器氢气流速在约 25～35mL·min^{-1}。

（3）打开 103 气相色谱仪总电源。在"热导池电源-温度控制器"上依次打开"柱槽温控""热导温控""进样器温控"开关，通过主机上"温度测量"及"电压测量"开关的切换来观察各组件温度并通过调节"热导池电源-温度控制器"上的电压旋钮，使得"升温箱"40℃，"热导"温度（一般小于 100℃）大于"升温箱"，"进样器"温度约为 120℃（注意观测各温度时，均应正切刻度读数并加上室温）。温度到设定值后，控制电压在 50V 以下即可。

（4）温度调节完毕后，打开"热导池电源-温度控制器"上的热导电源，并通过"电流调节"旋钮将电流调至 150mA 左右，等待 30min 仪器稳定，即可进样。

（5）打开记录仪电源，笔电源，调节记录笔到合适的位置，待基线平稳后即可进样记录，速度为 6cm·min^{-1}。

（6）实验完毕后关机时，与开机顺序相反。关闭时，关记录仪走纸开关→关记录笔、记录仪电源→关桥电流→关热导池、柱箱、气化室温控→关总开关。

注意要等到温度降到室温左右后再关载气。

实验 33　氢火焰检测器（FID）性能指标的测定

【实验目的】

1. 学习测定气相色谱仪氢火焰检测器（FID）灵敏度的方法。
2. 了解气相色谱仪的基本结构，各单元的功能和气路流程。
3. 掌握气相色谱仪的基本操作步骤，特别是氢火焰离子化检测器的正确使用方法及进样技术等。

【实验原理】

气相色谱仪检测器的灵敏度是评价气相色谱仪的重要性能指标。

氢火焰离子化检测器是一类质量型检测器，其响应信号大小正比于单位时间内进入检测器的样品量，灵敏度定义为每秒有 1g 样品通过检测器产生的信号大小，单位为毫伏·秒/克（$mV·s·g^{-1}$），计算公式为：

$$S_m = \frac{60 A_i c_2}{m c_1} (mV·s·g^{-1}) \tag{1}$$

式中　S_m——氢火焰检测器灵敏度，$mV·s·g^{-1}$；

　　　A_i——色谱峰面积，cm^2；

　　　c_2——记录仪灵敏度，$mV·cm^{-1}$；

　　　m——进入检测器的样品量，mg；

　　　c_1——记录纸移动速度，$cm·min^{-1}$。

对于氢火焰离子化检测器，由于信号通过电子放大器放大，电子系统的噪声对灵敏度产生影响，因而用灵敏度表示其性能不够全面，而常用敏感度来作为检测器的性能指标。敏感度定义为检测器产生恰好能检定的信号时，单位时间内进入检测器的样品量，所谓能检测的信号，即信号要大于等于 2 倍噪声信号。

$$M = \frac{2R_N}{S} \tag{2}$$

式中　S——氢火焰检测器的灵敏度，$mV·s·g^{-1}$；

　　　$2R_N$——2 倍噪声，国产仪器噪声一般为 $0.01\sim0.025mV$；

　　　M——敏感度，$g·s^{-1}$。

【仪器和试剂】

气相色谱仪（以 102G 为例），FID；1μL、100μL 微量注射器；秒表；皂膜流量计。

苯（分析纯）；双-(6-氧间羧基苯磺酰基)-β-环糊精固定液，液担比为 2%；上试 104 硅烷化白色担体（80～100 目）。

【实验步骤】

1. 色谱条件

2m×φ4mm 不锈钢柱；2% 双-(6-氧间羧基苯磺酰基)-β-环糊精固定液；载气 N_2，20mL·

min^{-1};柱温 $T_c=90℃$;进样器温度 $T_i=120\sim150℃$;检测器温度 $T_D=100\sim120℃$。

2.氢火焰离子化检测器性能指标的测定

(1)将色谱柱出口连接管接入氢火焰离子化室,检查气路气密性,按照上述色谱条件,恒定各处温度。用氮气作载气,调节载气流速在 $20\sim40mL\cdot min^{-1}$。

(2)将"热导""氢焰"选择开关置"氢焰"上,开启微电流放大器,灵敏度选至1000,衰减根据进样量而定,将基流补偿电位器逆时针调到底。开启记录仪,调节"零调"电位器使记录仪指针调至"0"位至放大器工作稳定。

(3)放大器工作稳定后(常用仪器一般在30min左右),调节空气阀,流量在 $500mL\cdot min^{-1}$ 左右,调节氢气阀,略高于载气流量,开启氢焰"点火"(引燃)开关,约半分钟后关闭,基线飘离"0"点和离子室排气孔有水汽析出,指示火焰已点燃,调节氢气,空气流速,使载气:氢气:空气流速接近 $1:1:10\sim15$。调节基始电流补偿电位器,将记录仪指针调至所需位置。

(4)待基线稳定后,用微量注射器取苯蒸气 $20\mu L$ 进样,记录仪显示苯的色谱图。重复进样操作 $3\sim5$ 次,分别量取色谱峰高及半高宽度,由表6-3查出室温下每微升饱和苯蒸气中苯含量。

3.按开机的相反顺序关机。

表6-3 不同室温下,进样 $1\mu L$ 饱和苯蒸气中苯的含量

室温	含量$(m)/10^{-7}g$	室温	含量$(m)/10^{-7}g$
15℃	2.68	26℃	4.55
16℃	2.82	27℃	4.76
17℃	2.96	28℃	5.00
18℃	3.12	29℃	5.21
19℃	3.27	30℃	5.46
20℃	3.44	31℃	5.67
21℃	3.61	32℃	5.97
22℃	3.78	33℃	6.22
23℃	3.97	34℃	6.50
24℃	4.15	35℃	6.76
25℃	4.43		

【数据处理】

根据进样量和洗出相应的色谱峰的相关参数,按式(1)、式(2)计算氢火焰离子化检测器性能指标灵敏度和敏感度。

【注意事项】

1.用FID时,检测器温度不得低于100℃。

2.使用FID检测器,不点火时,严禁通氢气;通氢气时,应及时点火。

【问题讨论】

1.FID检测器使用要注意哪些操作?

2.为提高FID的灵敏度,是否火焰越大越好?

实验 34　速率理论方程曲线的绘制

【实验目的】

1. 了解岛津 GC-17A 气相色谱仪构造以及使用方法。
2. 掌握正确的气相色谱流动相流速测定方法，即皂沫流量计法。
3. 掌握 H-u 曲线的绘制、u_{opt} 和 $H_{\min}$ 的确定和计算方法。

【实验原理】

根据速率理论方程 $H=A+B/u+Cu$，由测定 H-u 的数据，可求出板高方程的 A、B、C 系数，绘制 H-u 曲线，按 $u_{\text{opt}}=\sqrt{\dfrac{B}{C}}$，$H_{\min}=A+2\sqrt{BC}$ 计算或 H-u 曲线，均可求出不同载气的 u_{opt} 和 $H_{\min}$。指导色谱操作条件的选择。

【仪器和试剂】

1. 仪器

GC-17A ATF 气相色谱仪（日本岛津）；分流进样系统（SPL-17）；氢火焰离子化检测器（FID）；CCASS-GC10 色谱工作站软件包性能指标；103 型气相色谱仪，$1\mu L$、$5\mu L$、$100\mu L$ 微量进样器。

2. 试剂

正己烷（分析纯），乙醇（分析纯），1-苯丙醇，甲烷气，空气，皂沫流量计。

3. 实验条件

GC-17A 型：柱温为 100℃，进样口温度为 230℃，检测器温度为 250℃。103 型：柱温为 60℃，进样口温度为 120℃，检测器温度为 100℃。双-(6-氧间羧基苯磺酰基)-β-环糊精固定液开管柱（柱长 15m）或填充柱（柱长 2m）。

【实验步骤】

一、测定氢火焰检测器 H-u 曲线

1. 开机

① 首先检查色谱仪内色谱柱接在适当的接口上（宽口径毛细管柱及填充柱应接在 WBI 大孔径进样口，细径毛细管柱应接在 SPL 分流进样口），连接色谱仪和计算机的信号线应接 FID 标志线。

② 依次打开载气（N_2）阀门，启动氢气发生器及打开色谱仪主机氢气表阀门，启动空气发生器及打开色谱仪主机空气表阀门。

③ 启动 GC-17A ATF 气相色谱仪主机电源，仪器进行自检，当显示窗出现 System Off，启动 CBM 的电源，等 CBM 上出现三个绿灯，气路检测完成。

④ 启动计算机，进入 WINDOWS 98 操作界面窗口。

⑤ 点击桌面 CLASS-GC10 图标，启动色谱工作站操作软件。

2. 测试

① 双击 Real Time Analysis 图标，弹出 [Real Time Analysis] 窗口。

a. 点击 Method File 菜单，设定方法参数。

b. 点击 GC Setup 菜单，设置 GC 仪器参考：柱温 100℃、SPL230℃、FID250℃。

c. 点击 Sample Login 菜单，设定样品有关参数。

d. 点击 GC Moniter 菜单，显示 GC 参数设定值和实时测定值。

② 点击 System On 按钮，启动分析系统，待检测器温度大于 125℃，启动点火开关，依次按 GC 主机上的 IGNIT/ON/ENTER 按键。

③ 待基线稳定后，迅速进样，同时立即点击 Start 按钮或直接按 GC 主机上的 Start 开关，开始记录样品检测信号。注意：进样要掌握一定的技术，避免造成色谱峰展宽。

④ 固定分流比为 1∶100 时，其他实验条件不变，考察 5 个不同流速下（由皂膜流量计确定）0.10μL 1-苯丙醇 2 个对映异构体的保留时间，得出相应流速下的柱效，进而得出板高 H，同时测定甲烷气体的保留时间作为死时间，得出至少 5 对 H-u 的数据。

⑤ 实验数据记录。

3. 关机

① 保存分析结果，运行关机文件 FIDCLSMD。

② 依次按 GC 主机上的 IGNIT/OFF/ENTER 按键，关闭点火装置，再关闭。GC 主机氢气表阀门，等待 FID 检测器降温至 50℃。

③ 点击主窗口 File 菜单下的 Exit，退出 GC-10 色谱工作站软件系统，关闭 CMB-120，关闭 GC 主机上的 System Off 键。关电源。

④ 关闭计算机。

二、测定热导池检测器 H-u 曲线

选择用 103 型气相色谱仪，热导池检测器，其他实验条件不变，来考察 5 个不同流速（由皂膜流量计确定）下进样 0.6μL 正己烷的保留时间，得出相应流速下的柱效，进而得出板高 H，同时测定空气的保留时间作为死时间，得出至少 5 对 H-u 的数据。

【数据处理】

1. 根据皂膜流量计所测 F_c 使得 u 恒定，由 $u = L/t_M$，$n = 5.54 \left[\dfrac{t'_R}{W_{h/2}} \right]^2$，$H = L/n$ 计算各参数列入表 6-4。

表 6-4 计算数据

载气体积流速/mL·min^{-1}	F_{c1}	F_{c2}	F_{c3}	F_{c4}	F_{c5}
载气线速度/mm·s^{-1}	u_1	u_2	u_3	u_4	u_5
理论塔板数	n_1	n_2	n_3	n_4	n_5
理论板高	H_1	H_2	H_3	H_4	H_5

2. 绘制 H-u 曲线，并确定最佳线速 u_{opt} 和最小板高 H_{min}。

3. 利用三组 H-u 数据，计算出 A、B、C 值。

4. 用 A、B、C 求出 u_{opt} 和 H_{min}，与作图法比较。

【问题讨论】

针对上述数据讨论所得结果，应选择什么样的线速度或体积流速才能使样品给出最佳柱效？

实验 35 高效液相色谱 HPLC 手性柱分离手性物质

【实验目的】

1. 了解高效液相色谱仪的原理和基本结构。
2. 针对仪器掌握高效液相色谱仪的使用及数据处理方法。
  a. 分离手性化合物苯丙醇、苯甘氨醇、普萘洛尔、特步他林。
  b. 计算分离度 R。

【实验原理】

手性化合物的两对映异构体性质极为相近,难以分离,选用自主研发的有特殊选择性的固定相,在适宜流动相流冲刷下,样品组分两对映异构体与手性固定相之间的作用力不同,从而得到分离。

【仪器和试剂】

1. 仪器

岛津(LC-15C,LC-16);依利特液相色谱仪(分析型 P230Ⅱ,制备型 P270);紫外检测器(分析型 UV230Ⅱ,制备型 UV230+);25μL 微量注射器;过滤器;0.2μm 滤膜。

2. 试剂

1-苯丙醇,苯甘氨醇,普萘洛尔,特步他林,正己烷(HPLC),甲醇(HPLC),乙醇(HPLC),乙腈(HPLC)。

【实验步骤】

1. 实验条件

(1) 体系 1 色谱柱:150mm×φ4.6mm 或 100mm×φ4.6mm 不锈钢柱。固定相:双-(6-氧间羧基苯磺酰基)-β-环糊精键合硅胶固定相。①流动相:甲醇/0.3%乙酸三乙胺(pH 4.8)15%:85%,流速为 0.3mL·min^{-1}。紫外检测器,检测波长:254nm。柱温:25℃。样品:$5.0×10^{-3}$mol·L^{-1} D,L-苯甘氨醇溶液(15%:85%甲醇水为溶剂)。分离谱图如图 6-6 (a) 所示。②流动相:100%正己烷;流速为 1mL·min^{-1}。紫外检测器,检测波长:254nm。柱温:25℃。样品:0.1mol·L^{-1} 1-苯丙醇溶液(甲醇为溶剂),分离谱图如图 6-7 (a) 所示。

(2) 体系 2 色谱柱:150mm×φ4.6mm 和 100mm×φ4.6mm 不锈钢柱。固定相:双-[6-氧-(3-间硝基苯磺酰基)丁二酸-1,4-单酯-4)]-β-环糊精键合硅胶固定相。①$V_{乙腈}:V_{0.3\%TEAA}=80\%:20\%$为流动相,TEAA pH 值为 5.4,流速为 0.2mL·min^{-1},检测波长为 254nm,D,L-苯甘氨醇样品浓度为 $7.29×10^{-2}$mol·L^{-1},进样量 20μL,分离谱图如图 6-6 (b) 所示。②流动相:100%正己烷,流速为 1mL·min^{-1}。紫外检测器,检测波长为 225nm,柱温 23℃,样品为 0.1mol·L^{-1} 1-苯丙醇溶液(甲醇为溶剂),进样体积 5μL,分离谱图如图 6-7 (b) 所示。

2. 将流动相脱气完全,安装流路。启动仪器,按所需色谱条件设置仪器,开启泵,排气完全后将流动相接通液相色谱仪流路。

3. 基线平稳后，进样 $5\mu L$，记录色谱图和各峰的出峰时间。

4. 实验结束，用 100% 甲醇冲洗色谱柱，饱和 0.5h 左右。

5. 关机。

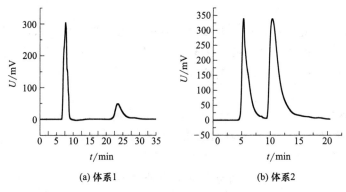

图 6-6 苯甘氨醇 HPLC 色谱分离图

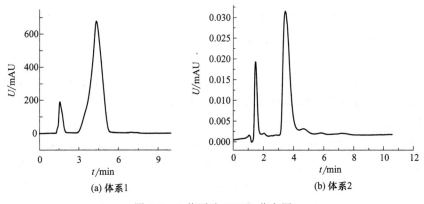

图 6-7 1-苯丙醇 HPLC 分离图

【数据处理】

根据所得色谱图，找出手性药物在手性固定相上的分离色谱峰，计算二峰峰底宽分离度 R。

$$R = \frac{2(t_{R2} - t_{R1})}{W_1 + W_2}$$

【注意事项】

1. 流动相需用色谱纯试剂，并经过脱气处理。

2. 样品应用 $0.2\mu m$ 滤膜过滤。

【问题讨论】

1. 高效液相色谱的分离机理是什么？

2. 高效液相色谱可用于分离哪些物质？

附：LC-15C 型岛津高效液相色谱操作守则

1. 流动相前处理

所需流动相须经 0.22μm 滤膜过滤，脱气后接入主机。

2. 开机

打开柱温箱并设置温度，打开仪器电源（泵显示绿色闪亮，检测器指示灯橙色常亮），打开电脑。旋开泵的排气阀（从"close"转至"open"）。按"purge"，待仪器启动排气完成后（A、B 泵的灯变"绿"），关闭排气阀。

3. 设置色谱参数

（1）点击色谱操作软件，点击"分析"选项，进入实时分析界面。

（2）"仪器参数视图"菜单中输入数据采集参数，设置流速，A、B 泵比例，检测波长，结束时间。

（3）点击"仪器参数视图"中"高级"选项中的"检测器"选项，将氘灯打开。点击"方法下载"。

4. 等待仪器平衡

点击控制工具栏的"仪器开关"图标，仪器状态出现"就绪"，留意泵压逐渐稳定观察检测器基线逐渐走平（这一过程可能需要 30min 到 1h）。

5. 采集数据

（1）点击"数据采集"栏目里的"单次运行"图标，在打开的对话窗的"数据文件"栏目里选择数据文件保存路径，输入数据文件名。"样品名""样品 ID"可根据需要填写或不写。"进样器"栏目只填"进样体积"。

（2）点击确定，仪器进入进样待机状态，吸取样品，先插入针，在将手动进样器从"inject"旋转至"load"，推针注入样品，再旋转将手动进样器扳到 inject 状态即可自动激活进样分析界面（仪器由"就绪"变成"正在运行"）。

（3）采集实验数据完毕后，点击停止。或者等待方法设置里的采样结束时间截止。如果在设定时间内未出峰，可以选择"数据采集"项目下的"更改分析时间"，进行分析时间的延长或缩短。

6. 关机

流路和柱子冲洗完成后，点击检测器 A 中选择灯"关"，点击下载，关闭氘灯。点击"泵停止"或"仪器开关"图标，关闭氘灯，关闭软件，然后关闭仪器各部分的电源。

附：LC-16 型岛津高效液相色谱操作守则

1. 流动相前处理

所需流动相须经 0.22μm 滤膜过滤，脱气后接入主机。

2. 开机

打开柱温箱并设置温度，打开仪器电源（泵显示绿色闪亮，检测器指示灯橙色常亮），操作面板显示"预热灯"，等待 30s，"初始化"等待 60s，"检查 λ"，完成检测。打开电脑。旋开泵的排气阀（从"close"转至"open"）。按"purge"，待仪器启动排气完成后（A、B 泵的灯变绿色闪亮），关闭排气阀。

3. 设置色谱参数

(1) 点击色谱操作软件,点击"确定","USER-PC-Instrument",进入实时分析界面。"仪器参数视图"菜单中输入数据采集参数,设置流速,A、B泵比例,检测波长,结束时间。

(2) 点击"检测器参数视图"中的"高级"选项中的"检测器"选项,将氘灯打开,点击"方法下载"。

4. 等待基线平稳

点击控制工具栏的"仪器的激活 ON/OFF"图标,仪器状态出现"就绪",留意泵压逐渐稳定。观察检测线基线逐渐走平,这一过程可能需要 30min 到 1h。(点击"视图""仪器检测器",实时分析界面右侧出现实时检测界面。)

5. 采集数据

(1) 点击"数据采集"栏目里的"单次分析开始"图标,在打开的对话窗口的"数据文件"栏目里选择数据文件保存路径,输入数据文件名。"样品 ID"可根据需要填写或不写。"进样器"栏目只填"进样体积"。

(2) 点击确定 仪器进入进样待机状态,吸取样品,先插入针,再将手动进样器从"Inject"旋转至"Load",推针注入样品,再旋转手动进样器扳到 Inject 状态即可自动激活进样分析界面(仪器由"就绪"变成"正在运行")。

(3) 采集实验数据完毕后,点击停止,确认保存文件。或者等待方法设置里的采样结束时间截止。如果在设定时间内未出峰,可以选择"数据采集"项目下的"更改分析时间",进行分析时间的延长或缩短。

6. 关机

流路和柱子冲洗完成后,用甲醇饱和柱子,等待 30min 到 1h 后,点击检测器 A 中选择灯"关",点击下载,关闭氘灯。点击"仪器的激活 ON/OFF"或"泵停止"图标,停止运行,关闭软件,然后关闭仪器各部分电源。

实验 36　高效液相色谱 HPLC 分离多环化合物

【实验目的】

1. 了解高效液相色谱仪的原理和基本结构。
2. 针对仪器掌握高效液相色谱仪的使用及数据处理方法。
3. 分离化合物萘、芴、硝基苯、尿嘧啶，计算分离度 R 或考察精密度 RSD。

【实验原理】

在适宜流动相流冲刷下，根据样品中各组分物理或化学性质（溶解度、极性等）与固定相之间的特殊作用力（吸附、亲和作用、尺寸排阻等）的微小差异，从而得到分离。

【仪器和试剂】

1. 仪器

依利特液相色谱仪（分析型 P230Ⅱ，制备型 P270）；紫外检测器（分析型 UV230Ⅱ，制备型 UV230+）；25μL 微量注射器；过滤器；0.2μm 滤膜。

2. 试剂

甲醇（HPLC），超纯水。

【实验步骤】

1. 实验条件

色谱柱：150mm×φ4.6mm 不锈钢柱。固定相：Sino Chrom ODS-BP 5μm 固定相。流动相：甲醇：水＝85∶15。流速：$1mL \cdot min^{-1}$。紫外检测器，检测波长：254nm。柱温：室温。样品：萘、芴、硝基苯、尿嘧啶混合溶液。

2. 将流动相脱气完全，安装流路。启动仪器，按所需色谱条件设置仪器，开启泵，排气完全后将流动相接通液相色谱仪流路。

3. 基线平稳后，进样 10μL，记录色谱图和各峰的出峰时间。

4. 实验结束，用 100％甲醇冲洗色谱柱，饱和 0.5h 左右。

5. 关机。

【数据处理】

根据所得色谱图，找出萘、芴、硝基苯、尿嘧啶固定相上的分离色谱峰，计算各峰峰底分离度 R_1、R_2、R_3 及各色谱峰保留值的重现性 RSD。

$$R = \frac{2(t_{R_2} - t_{R_1})}{W_1 + W_2}$$

【注意事项】

1. 流动相需用色谱纯试剂，并经过脱气处理。
2. 样品应用 0.2μm 滤膜过滤。

【问题讨论】

1. 高效液相色谱的分离机理是什么？
2. 高效液相色谱可用于分离哪些物质？

附：各化合物结构式

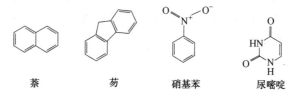

　　萘　　　　芴　　　硝基苯　　尿嘧啶

附：依力特高效液相色谱仪（分析型）操作步骤

1. 流动相处理

所需流动相需用 0.2μm 的滤膜过滤，脱气后接入仪器主机。

2. 开机

先开仪器主机部分由下至上即 A 泵—B 泵—检测器，然后打开电脑，双击打开色谱工作站软件。

3. 设定参数

在色谱工作站软件界面上点击"仪器控制"按钮，在弹出的对话框中点击"系统配置"按钮，选择所需要的配置，然后点击"验证系统配置"按钮，验证检测出的配置。

在"仪器控制"下拉菜单中点击"仪器控制"按钮，在弹出的对话框中点击"高压梯度"按钮，在此处设定好 A、B 泵进液的比例及速率，选择右下角的"停止"复选框。然后点击"检测器"按钮，在此处设定好所需要的检测波长，将氘灯指示按钮打到"ON"处。

4. 进样前处理

（1）排气　松开泵上的放空旋钮，通过按泵面板上的"冲洗"按钮或采用注射器抽取的方法排空管内的气泡。在"仪器控制"下拉菜单中点击"仪器控制"按钮，在弹出的对话框中点击"高压梯度"按钮，选择右下角的"运行"复选框，然后点击"确定"使泵开始工作。

（2）基线检测　点击工作站内"启动基线监测"图标，启动基线监测。

5. 进样

点击工作站内的"结束当前数据采集"图标，停止采集，点击工作站内的"启动数据采集"图标，屏幕中间出现一个绿色方框。用微量进样针取好样品，将进样阀旋至 INJECT 挡，插入进样针，再把进样阀旋至 LOAD 挡，注入样品，最后将进样阀旋回 INJECT 挡，拔出进样针。此时屏幕中间的绿色方框消失，自动开始采集数据。

6. 数据处理

结束数据采集后，点击"改名存储数据文件和方法文件"按钮，将数据保存到预先建立好的文件夹内，用实验室专用 U 盘将数据拷出来打印。

7. 关机

关机顺序为：电脑上色谱软件—检测器—B 泵—A 泵—电脑。

实验 37 营造高效毛细管电泳手性环境分离手性药物

【实验目的】

1. 了解国产彩陆 CL1020 型高效毛细管电泳（HPCE）仪的构造及具体使用方法。
2. 通过对纯缓冲液中手性药物的分离，了解手性柱或手性添加剂的分离作用；了解电压对手性异构体分离的影响。
3. 确定电渗流，测定电渗流淌度。
4. 计算分离度 R。

【仪器和试剂】

1. 仪器

CL1020 型彩陆高效毛细管电泳仪；紫外检测器；固定相：β-环糊精衍生物整体柱。

2. 试剂

β-环糊精衍生物，Tris-H_3PO_4 缓冲液，氧氟沙星，普罗帕酮。

(1) 体系 1 电泳柱：60/50cm×ϕ75μm 石英毛细管柱。固定相：双-[-6-氧-(2-间羧基苯磺酰基)]-β-环糊精衍生物（β-CD-M_1）HPCE 整体柱。流动相：50mmol·L^{-1} Tris-H_3PO_4 缓冲液，pH 值 4.0，分离电压 25kV。紫外检测器，检测波长 254nm。手动压力进样，进样时间 20s 的 2.7×10^{-10}mol·L^{-1} 氧氟沙星标准品，在 20℃ 的电泳条件下氧氟沙星标准品可拆分为氧氟沙星对映体，结果如图 6-8 所示。

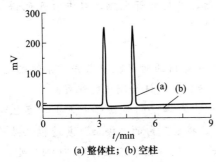

图 6-8 β-CD-M_1 衍生物 HPCE 整体柱拆分氧氟沙星对映体

(2) 体系 2 电泳柱：60/50cm×ϕ75μm 石英毛细管柱。固定相：双-[-6-氧-(2-间硝基苯磺酰基)]-β-环糊精（β-CD-N_1）HPCE 整体柱。流动相：60mmol·L^{-1} pH 3.5 Tris-H_3PO_4 缓冲体系流动相。分离电压 25kV，检测波长 254nm，手动压力进样 15s 紫外检测器。柱温：室温 20℃。样品：1.32×10^{-10}mol·L^{-1} 氧氟沙星标准品溶液（水为溶剂）。β-CD-N_1 衍生物 HPCE 整体柱拆分氧氟沙星对映体如图 6-9 所示。

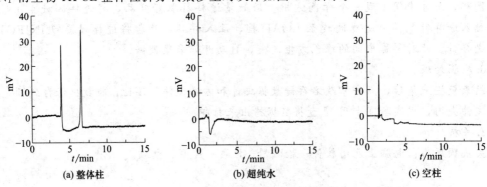

图 6-9 β-CD-N_1 衍生物 HPCE 整体柱拆分氧氟沙星对映体

(3) 体系3 固定相：双-[-6-氧-(2-间羧基苯磺酰基)]-β-环糊精整体柱。流动相：pH 5.0 浓度为 50nmol·L^{-1} 的 Tris-H$_3$PO$_4$，用电动进样的方式（进样电压 20kV，进样 5s），4.39×10^{-5}mol·L^{-1} 的普罗帕酮标样，分离电压 25kV，检测波长 254nm，柱温为室温 20℃。普罗帕酮拆分电泳图如图 6-10 所示。

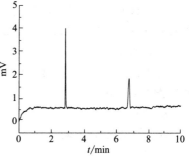

图 6-10 普罗帕酮拆分电泳图

【实验步骤】

1. 了解仪器的基本构造，然后开机。
2. 进入 Windows 操作界面。设定新的方法。注意：改变实验条件，一定要保存。
3. 设定实验条件，先设定冲洗柱子的条件。
4. 保存设定的方法。
5. 进电中性的物质来测电渗流，然后分别进样。
6. 处理数据。
7. 制图。得电泳谱图。也可用 Origin 画图。
8. 关机。实验完成后要用 100% 甲醇饱和柱，然后关机，先关软件再关硬件。

【结果分析】

根据所得电泳图，找出各手性药物在整体柱固定相上的分离电泳峰，计算各峰峰底分离度 R_1、R_2、R_3 及各电泳峰保留值的重现性 RSD。

$$R=\frac{2(t_{R_2}-t_{R_1})}{W_1+W_2}$$

【思考题】

1. 电渗流在高效毛细管电泳中的作用是什么？
2. 所使用的条件中对分离起决定性作用的是哪种？

附：国产彩陆 CL1020 高效毛细管电泳仪操作步骤

1. 流动相及样品前处理

所用流动相及样品需用 0.22μm 滤膜过滤，把缓冲液流动相接入主机。

2. 开机

依次开启高压电源总开关和检测器总开关，分别在高压电源的操作面板和检测器的操作面板上设置所需的电压及检测波长。打开电脑，打开色谱工作站软件。

3. 基线监测

把充满缓冲液的毛细管两端分别接到正负极的缓冲液瓶中，保证毛细管和电极都浸没在缓冲液中，关好外盖，手动按检测器操作面板的"A/Z"调零键，接着在高压电源部的操作面板上按"启动"键，5s 后在色谱工作站软件上点击谱图采集图标。

4. 进样

点击色谱工作站软件的手动停止图标提前结束谱图采集，在高压电源部操作面板上按"停止"键。打开外盖，把正极一端的毛细管取出，在压力作用下进样。到达进样时间后，把毛细管放回正极且保证毛细管和正极都浸没在缓冲液中。关好外盖，按照启动基线的方法开始采集数据，即"A/Z""启动"，5s后点击谱图采集图标。

5. 数据处理

结束谱图采集后，在弹出的对话框内把谱图保存到指定位置，用实验室专用的U盘将数据拷出来打印。

6. 关机

依次关闭电脑上色谱软件—检测器—高压电源部分—电脑。

第7章 综合实验

实验38 湖水中重金属离子的 ICP-MS 测定

【实验目的】

1. 了解 ICP-MS 的基本原理、仪器的主要结构。
2. 学习仪器基本操作和测试条件的设置方法。
3. 掌握一般样品多元素同时测定及数据处理的方法。

【实验原理】

重金属指密度大于 $4g·cm^{-3}$ 或 $5g·cm^{-3}$ 的金属。尽管锰、铜、锌等重金属是生命活动所需要的微量元素,但是大部分重金属如汞、铅、镉等并非生命活动所必需,而且所有重金属超过一定浓度都对人体有毒。因此,需要对环境水样中的金属含量进行监测。这对环境保护和人类健康具有重要意义。

电感耦合等离子体质谱法是将被测物质用电感耦合等离子体离子化后,按离子的质荷比分离,根据峰位置和峰强度进行元素的定性定量分析方法。电感耦合等离子体质谱法(ICP-MS)是一种微量与超微量多元素同时分析的方法,具有灵敏度高、检出限低、分析过程快捷、分析取样量少等优点,它可以同时测量周期表中大多数元素,测定分析物浓度可低至纳克/升的水平,是目前最有效的痕量元素的检测手段之一。

【仪器和试剂】

1. 仪器

电感耦合等离子体质谱仪(NexION 300X,美国 Perkin Elmer 公司),一般实验室常用仪器和设备。

2. 试剂

ICP-MS 是灵敏度非常高的仪器,所以对实验环境、试剂水、酸的要求也非常高。如对实验环境、试剂水、酸的要求降低会影响测定结果的准确性。本方法标准储备液、内标储备液及调谐溶液均为市售国产或进口标准溶液。

氩气:高纯气(纯度不低于 99.999%),用作仪器工作气体。

超纯水:电阻率大于 $18.0MΩ·cm^{-1}$。

浓硝酸:$ρ(HNO_3)=1.42g·mL^{-1}$,优级纯或高纯(如微电子级),必要时经亚沸蒸馏。

浓盐酸:$ρ(HCl)=1.19g·mL^{-1}$,优级纯或高纯(如微电子级),必要时经亚沸蒸馏。

1%硝酸溶液(1+99)。

标准溶液:本方法标准储备液、内标储备液(^{45}Sc、^{74}Ge、^{89}Y、^{103}Rh、^{115}In、^{187}Re 和 ^{209}Bi)及调谐溶液(Li、Be、Co、In、U)均为市售国产或进口标准溶液。

【实验步骤】

1. 绘制工作曲线

标准系列各点中金属离子的浓度应包括测定的实际样品中的浓度范围且不少于四个点。以质谱仪计数强度为纵坐标,以该元素的浓度($\mu g \cdot L^{-1}$)为横坐标绘制工作曲线。

2. 测定未知样品

量取 10mL 用 $0.45\mu m$ 孔径的滤膜过滤后的湖水样,测定强度值。根据标准曲线计算水样浓度。

【操作步骤】

1. 开机及自检

① 打开稳压电源,确认仪器供电系统正常。

② 打开循环冷却系统。调节温度为 20℃。

③ 确认排风系统正常。

④ 打开氩气阀门,调节输出压力为 0.7MPa;若使用 KED 模式,打开氦气阀门,调节输出压力为 0.05MPa。

⑤ 打开电脑。

⑥ 打开主机电源 instrument 开关,打开 RF 电源 RGF 开关。

⑦ 双击"Syngistix for ICP-MS"图标进入仪器控制软件。

⑧ 单击"instrument"图标,单击"main"菜单下"vacuum"的"start",仪器开始抽真空至达到绿色"ready"状态。

⑨ 确认蠕动泵管完好并且连接正常,压紧泵夹。

⑩ 单击"devices"下的"penstaltic",点击"fast",观察连接管路。确定进液和排液正确,然后点击"stop"停止。

⑪ 通过软件中"instrument"界面"plasma"点燃等离子体,等离子体为白色焰炬。

⑫ 点燃等离子体以后,将样品管放入1%～5% HNO_3 溶液或超纯水中冲洗,待分析,稳定 10min 以上。

2. 性能检查和优化

① 单击"smarttune",单击"file"下"open",双击选择"smart tune daily.swz"。

② 单击"optimization",单击"setup",可以对"conditions""masscal"和"dataset"进行选择。如果不使用自动进样器。单击"optimization",选中"use manual sampling (no autosampler)",使用手动进样。

③ 吸入 $1\mu g \cdot L^{-1}$ setup 溶液($1\mu g \cdot L^{-1}$ 的 Li、Be、Mg、Fe、In、Ce、Pb、U)。确认溶液进入到雾化室,并且稳定。

④ 右击"daily performance check",单击"quick optimize"。

⑤ 待分析结束,单击"daily performance check"下"results"查看结果。

⑥ 如果结果为"passed",结束调谐,可进行标准模式(STD)样品分析。

⑦ 如果结果为"failed",依次进行如下项目的优化:torch alignment, nebulizer gas flow STD/KED [NEB], QID STD/DRC, daily performance check。

3. 方法建立

① 单击"method",单击"file"下"new method"。仪器提供的分析方法有5种,包括:定量分析方法(quantitative analysis)、半定量分析(total quant)、同位素比值(isotope ratio)、同位素稀释(isotope dilution)和纯数据采集(data only method)等。常用方法为定量分析方法。

② 选择"quantitalive analysis",在"Timing"界面依次输入读数条件包括sweep(扫描次数);reading(读数次数);replicate(重复次数);scan mode(扫描模式);dwell time(驻留时间)等。

③ 右击分析物"analyte(*)"栏,激活元素周期表,选择需要测定的元素。查看元素同位素,选择适当同位素。某一元素若具有多个同位素,可选择多个,按"ctrl"选择。通常选择同位素的标准为,选择丰度较大,干扰物相对较小的同位素。

④ 为每个同位素选择工作模式。右击"mode(*)"选择工作模式"STD/KED"。

⑤ 在"calibration"界面设定标准浓度及线性类型。

⑥ 在"sampling"下设定蠕动泵泵速,包括测样过程中延迟、冲洗等时间及泵速。

⑦ 若选用内标法,选择需要设置为同一组内标的元素,单击"method"下的"define group"。

⑧ 选择内标元素,并设置为内标。单击"method"下的"set internal std"。

⑨ 单击"file"下"save",命名并保存方法文件。

4. 在sample样品测试界面,依次吸入标准溶液并测定其响应。

5. 保存制得的标准曲线。

6. 吸样品溶液并用制得的标准曲线求得样品中金属离子的含量。

7. 关机

① 样品分析结束后,吸入1%~5% HNO_3 和超纯水分别冲洗5min。

② 将进样管从溶液中取出,排空雾室中的残留溶液,单击"plasma"下"stop"。

③ 松开进样泵管、排液管。

④ 1~2min后,仪器进入"ready"状态,关闭冷却循环水。如使用了DRC/KED气体,关闭DRC/KED气体阀门。

⑤ 通过Syngistix for ICP-MS软件关闭真空。

⑥ 约5min后,关闭RF电源RGF开关,关闭主机电源instrument开关。

⑦ 关闭氩气阀门。

⑧ 关闭软件、电脑主机、显示器。

【注意事项】

(1) 操作过程中注意适当调节氩气增压阀,以防氩气压力过低使等离子体炬熄灭。

(2) 样品分析前,吸入超纯水对仪器进行清洗至空白信号满足分析要求。

【思考题】

1. 从原理、仪器、应用三方面对等离子体质谱和等离子体原子发射光谱法进行比较。

2. 与原子光谱测定金属离子相比,等离子体质谱检测具有哪些优点和不足之处?

实验 39　高效毛细管凝胶电泳法分离脱氧核糖核酸

【实验目的】

1. 了解毛细管凝胶电泳分离的基本概念和原理。
2. 了解毛细管电泳仪的结构及基本操作。
3. 掌握核酸分子电泳迁移速度的计算方法。

【实验原理】

毛细管电泳技术因其高速、高效和低消耗的特点，在过去的 30 年间得到了广泛的关注和迅速的发展，在各个领域中的应用不断增加。多种分离模式的出现和发展使得毛细管电泳可以应用于多种物质的分离，特别是为生物大分子的分析提供了一种有效手段，并且有望取代传统的平板凝胶电泳成为核酸分离的重要工具。

目前毛细管电泳已经成功应用于包括基因组测序、基因突变检测和 PCR 产物分析等方面。毛细管凝胶电泳（CGE）是核酸分析中最常用的分离模式。

在高压直流电场中，带电粒子在电解质溶液中以不同的速度向其所带电荷相反的电场方向迁移，其迁移速度为：

$$v_{ep} = \mu_{ep} E = \frac{q}{6\pi\eta r} E$$

式中，v_{ep} 为带电粒子电泳迁移速度；μ_{ep} 为电泳淌度；E 为电场强度；q 为离子电荷量；η 为介质黏度；r 为离子半径。

当石英毛细管内溶液 pH＞3 时，内壁的—SiOH 电离成—SiO⁻，使毛细管内壁带负电，电解质溶液中的阳离子在静电引力的作用下排列在管壁附近，形成双电层。在外加电场作用下，正电荷层使得毛细管中的电解质整体向阴极移动，这种现象就是电渗现象，整个液体的流动称为电渗流（EOF）。电渗流是毛细管电泳分离的驱动力。因为电渗流的速度一般比电泳速度大，所以利用电渗流可以实现正离子、中性分子、负离子的一次性分离。在一定实验条件下，电渗流大小为定值，电渗流速度可表示为：

$$v_{eo} = \mu_{eo} E = \frac{\varepsilon \xi}{\eta} E$$

式中，v_{eo} 为电渗流速度；μ_{eo} 为电泳淌度；ξ 为双电层的 Zeta 电位；ε 为分离介质的介电常数。

粒子在电解质溶液中的迁移速度等于电泳和电渗流两种速度的矢量和，可表示为：

$$v = v_{ep} + v_{eo} = (\mu_{ep} + \mu_{eo}) E$$

正离子的运动方向与电渗流一致，中性粒子的电泳速度为 0，负离子的运动方向与电渗流相反。

毛细管凝胶电泳是毛细管电泳的几种操作模式之一，特别适合核酸片段等生物大分子分离。脱氧核糖核酸（DNA）片段因含有大量磷酸残基而带负电，每一个 DNA 片段的质荷比相近，很难直接分离，如果在背景电解质中加入具有筛分作用的介质（如交联聚丙烯酰胺）

能使DNA分子按片段长度有效分离。一般认为，在交联介质中，片段越长，受到的阻力越大，迁移速度越慢；片段越小，受到的阻力越小，迁移速度越快。由于DNA片段带负电，其运动方向与电渗流相反，所以应在负电压条件下进行分离，同时还要尽可能地抑制电渗流的作用。交联聚丙烯酰胺作为筛分介质虽然能得到较好的分离效果，但其黏度大，制备困难，使用寿命短。因此近年来更倾向于采用低黏度的线型聚合物（如羟丙基甲基纤维素）来替代聚丙烯酰胺，可形成无凝胶筛分介质，能避免空气泡形成，制备简单，使用寿命长。由于核酸在260 nm处有最大的紫外吸收，因此可直接采用紫外检测的方法实现DNA片段的在线分离检测。

本实验以Tris硼酸（TBE）为背景缓冲溶液，加入羟丙基甲基纤维素作为筛分介质，可以对1000个碱基对以下的双链DNA片段进行有效分离，并对DNA片段进行直接紫外检测。通过实验，学生将了解电渗流对分离的影响，以及筛分介质对分离效果的影响。

【仪器和试剂】

1. 仪器

美国贝克曼P/ACE MDQ，50cm长、内径为50μm的熔融石英毛细管。

2. 试剂

ϕX174-Hea Ⅲ digest DNA Marker，超纯水，羟丙基甲基纤维素（HPMC），甘露醇，Tris碱，硼酸，盐酸，氢氧化钠，0.1mol·L^{-1}的TBE缓冲溶液（pH 8.0）。

【实验步骤】

1. 背景缓冲溶液的配制

用分析天平分别称取0.400g HPMC和2.000g甘露醇，逐渐加入50mL 0.1mol·L^{-1}的TBE缓冲溶液搅拌溶解1h，超声10min除去气泡，转入试剂瓶备用。

2. DNA样品的配制

取5μL 50ng·μL^{-1}的ϕX174-Hea Ⅲ digest DNA Marker用0.1mol·L^{-1}的TBE缓冲溶液稀释20倍至2.5ng·μL^{-1}备用。

3. 仪器的准备

打开电脑，等电脑启动完毕后，打开毛细管电泳仪电源开关，再打开操作电脑桌面上的操作软件。样品瓶位置设定如下：A1为甲醇，A2为NaOH溶液，A3为盐酸溶液，A4、A5为超纯水，B1、B2、B3为TBE-HPLC背景缓冲溶液，C1为空瓶，C2为废液，D1为DNA样品。将装有上述溶液的样品瓶放入对应的位置。

4. 毛细管的预处理

新毛细管在使用之前需要进行活化，具体步骤为：

（1）先用甲醇冲洗10min。Inlet为A1号位置，Outlet为C2号位置，冲洗（flush）10min；

（2）再用水冲洗5min。Inlet为A4号位置，Outlet为C2号位置，冲洗（flush）5min；

（3）用1mol·L^{-1}的NaOH冲洗5min，活化硅羟基。Inlet为A2号位置，Outlet为C2号位置，冲洗（flush）5min；

（4）再用1mol·L^{-1}盐酸冲洗5min，部分抑制电渗流。Inlet为A3号位置，Outlet为

C2 号位置，冲洗（flush）5min；

（5）最后用水冲洗 5min，洗去盐酸。Inlet 为 A4 号位置，Outlet 为 C2 号位置，冲洗（flush）5min。

5. 进样分析

取 50μL 的 DNA 样品于 100μL 的样品瓶中，并放入 D1 号位置。先用 TBE-HPMC 缓冲溶液冲洗 5min，平衡毛细管内壁。分离方法设定为：电动进样（-5kV，20s）；分离电压（-10kV）；检测波长为 260nm。设置完毕后，执行测定方法。

6. 毛细管的清洗

分离完成后，毛细管先用超纯水冲洗 10min，在加压吹 2min，然后取出毛细管标记好。

7. 实验结束后，先退出操作系统，关闭仪器，然后再关闭电脑。

【思考题】

1. 毛细管电泳仪的组成部分有哪些？
2. 本实验中，为什么加负电压对 DNA 片段进行分离？
3. 为什么要抑制电渗流？如果电渗流太大会对 DNA 片段的分离产生什么影响？
4. 为什么要采用凝胶电泳模式分离 DNA 片段？

实验40　固相微萃取和溶剂萃取与气相色谱法联用测定水中硝基苯的比较

【实验目的】

1. 学习利用固相微萃取与气相色谱法联用测定水中硝基苯的原理。
2. 了解固相微萃取涂层的制备、表征和相关实验操作。
3. 熟悉气相色谱仪的使用及注意事项。
4. 比较固相微萃取和溶剂萃取在与气相色谱法联用测定水中硝基苯时的效果。

【实验原理】

硝基苯是制备聚氨酯材料的基本原料和精细化工的重要中间体,是一种难生物降解的剧毒化学品。国家环保总局已将其列入优先控制的污染物名单,国家对其排放有严格的标准。因此,准确测定水中硝基苯的含量具有重要的意义。

气相色谱法由于具有分离效果好、分析速度快、检测灵敏度高等优点,是目前应用最多的测定方法之一。但水对绝大多数气相色谱固定相都有损害,因而不能直接进样分析。用正己烷作为萃取溶剂可将水中的硝基苯转移至有机相,经无水硫酸钠干燥后,即可消除水的影响,并且经萃取后,可提高硝基苯的浓度,从而提高检测的灵敏度。

固相微萃取是在固相萃取的基础上发展起来的一种无溶剂样品前处理技术,特别适于水溶液中痕量挥发化合物和半挥发性化合物的测定。当与气相色谱联用时,它集采样、富集和进样于一体,具有操作简便、富集效率高等优点。

【仪器和试剂】

1. 仪器

分析天平(塞托里斯),电动离心沉淀机(大连医疗器械厂),KQ2200B型超声波清洗器(昆山仪器厂),GC-17A气相色谱仪(配FID检测器),CT-1型氮氢空气发生器(武汉科林普丰仪器有限公司),DF-1集热式磁力搅拌器(金坛市新一佳仪器有限公司),毛细管气相色谱柱,微量进样器,自制固相微萃取探头及装置。

2. 试剂

硝基苯、正己烷、无水硫酸钠、甲醇(色谱纯,天津市科密欧化学试剂有限公司)、羟基硅油(OH-TSO,成都硅应用与研究中心)、PEG-20M(天津乐泰化工)、含氢硅油(PMHS,上海晶纯试剂有限公司)、正硅酸四乙酯(TEOS,上海晶纯试剂有限公司)、二氯甲烷(天津博迪化工股份有限公司)、三氟乙酸(aladdin chemistry co. ltd)、1-丁基-3-甲基咪唑六氟磷酸盐($C_8H_{15}F_6N_2$,上海钡锶镁)。其他试剂均为分析纯,购自国药集团。

【操作步骤】

1. SPME涂层的制备

将渐变型多模光纤(武汉长飞)放入适量丙酮中浸泡3h,后置于1mol·L^{-1}的氢氧化钠溶液中浸泡 5min，然后用蒸馏水洗至中性，再于盐酸溶液中浸泡 5min，除去纤维表面保护层后将纤维用蒸馏水洗净，晾干备用。

分别称取一定量的 OH-TSO、PEG20M、PMHS 于离心管中，并依次加入一定量的 $C_8H_{15}F_6N_2$、TEOS、二氯甲烷、三氟乙酸，超声振荡 5min 后离心 20min（转速 120000r·min^{-1}）。然后用微量移液器吸出上层清液于另一离心管中，将备好的纤维探头垂直插入清液中，反复几次直至达到所需的涂层厚度，然后放入干燥器中干燥 12h。最后将萃取头置于气相色谱仪气化室中老化 2h（250℃）。

2. SPME 涂层的表征

分别对制得的 SPME 涂层进行电镜、红外和热分析表征，记录相应结果。

3. 萃取、解吸与色谱分析

取 2mL 含有硝基苯的水样于 5mL 玻璃试剂瓶中，加入适量无机盐和一个 1cm 的磁力搅拌子，用包有聚四氟乙烯的橡胶塞和铝盖密封后置于带有恒温水浴的磁力搅拌器中，插入固相微萃取探头，进行萃取。萃取完毕后取出固相微萃取探头，于气相色谱进样口解析进样。记录样品峰的保留时间及峰高和峰面积。

另取 2mL 上述含有硝基苯的水样于 5mL 的具塞离心管中，加入 1mL 正己烷，充分振荡后静置。待液面清晰后将上层有机相转移至一个 1.5mL 的离心管中，并加入适量无水硫酸钠充分振荡，静置一段时间至溶液澄清后用微量进样器取上清液 1μL 进样分析。记录样品峰的保留时间及峰高和峰面积。

根据两次实验结果比较溶剂萃取和固相微萃取作为样品前处理方法的优缺点。

【数据记录与处理】

1. 作出固相微萃取与气相色谱法联用测定水中硝基苯所得谱图。
2. SPME 涂层表征结果。
3. 溶剂萃取和固相微萃取分别与气相色谱法联用测定水中硝基苯所得谱图（表 7-1）。

表 7-1 两种联用方法的比较

项目	保留时间/min	峰高(h)	峰面积(A)
LLE-GC-FID			
SPME-GC-FID			

【思考题】

1. 溶剂萃取和固相微萃取作为样品前处理方法各有什么优缺点？
2. 试以简图说明气相色谱仪工作的基本原理和过程。

实验 41　基于离子液体的液液微萃取与高效液相色谱联用测定水中的硝基苯

【实验目的】

了解基于离子液体液液微萃取与高效液相色谱联用测定水中硝基苯的原理，掌握其实验操作。

【实验原理】

高效液相色谱法（high performance liquid chromatography，HPLC）由于具有分离效果好、分析速度快、检测灵敏度高等优点，是目前应用最多的方法之一。但有时水样中硝基苯的含量很低，低于方法的检测下限，并且实际水样基体组成复杂，因而不能直接进样分析。

由于离子液体对硝基苯的溶解度较大，采用离子液体作为顶空液相微萃取的萃取溶剂，可实现硝基苯的富集，并将基质中的大量干扰因子除去，从而提高测定的灵敏度和准确度。为消除样品基质及萃取等条件对结果的影响，采用标准加入法进行定量。

【仪器和试剂】

1. L-7000 高效液相色谱仪（二极管阵列检测器，$20\mu L$ 定量进样环）。
2. C_{18} 色谱柱（250mm×4.6mm，$5\mu m$）。
3. DF-1 集热式磁力搅拌器。
4. 离子液体（1-丁基-3-甲基咪唑六氟磷酸盐，$[C_4MIM]PF_6$）。
5. 硝基苯溶液。
6. 甲醇。
7. $50\mu L$ 微型进样器。
8. 色谱条件

L7455 二极管阵列检测器；

流动相：甲醇/水（70/30，体积比）；

流速：$0.5mL\cdot min^{-1}$。

【操作步骤】

实验操作及装置示意图如图 7-1 所示。

1. 水样的萃取和分析

取 8mL 水样于 10mL 带橡胶塞的玻璃试剂瓶中，加入磁力搅拌子，用橡胶塞将瓶口封住。用 $50\mu L$ 微型进样器准确吸取 $3\mu L$ $[C_4MIM]PF_6$，将微型进样器的针头穿过橡胶塞插入容器中，但必须确保不能与溶液接触，将离子液体缓缓推出进样器，使其悬挂于进样器的针尖处，并将其全部置于集热式磁力搅拌器中。萃取完成后，将离子液体缓

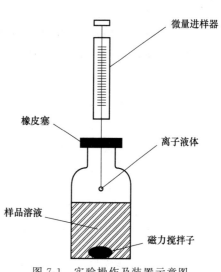

图 7-1　实验操作及装置示意图

缓吸入微量进样器中，拔出进样器，将离子液体溶于 50μL 甲醇溶液中，混合均匀后向高效液相色谱仪中进样 30μL，进行分析检测。记录样品峰的保留时间及峰高和峰面积。

另取 8mL 水样用 0.22μm 滤膜过滤后，直接用微量进样器取 30μL 进行 HPLC 分析，比较萃取前后分析信号的变化。

2. 加标水样的萃取和分析

另取 8mL 上述含有硝基苯的水样于 10mL 带橡胶塞的玻璃容器中，加入 100mg·L^{-1} 的硝基苯标准溶液 50μL，按上述方法进行萃取、溶解后用微量进样器取 30μL 进样分析。记录样品峰的保留时间及峰高和峰面积。

3. 结果分析

在线性范围内，物质的峰高和峰面积与样品的浓度或含量成正比，根据两次实验结果由标准加入法可计算出水样中硝基苯的含量。以峰面积为例：

$$A_x = kc_x$$
$$A_{x+s} = k(c_x + c_s)$$
$$c_x = A_x c_s / (A_{x+s} - A_x)$$

【数据记录与处理】

见表 7-2。

表 7-2 数据记录与处理

项目	保留时间/min	峰高(h)	峰面积(A)
水样			
加标后			
由 A 求得水样中硝基苯含量/mg·L^{-1}			
由 h 求得水样中硝基苯含量/mg·L^{-1}			
水样中硝基苯含量平均值/mg·L^{-1}			

【思考题】

1. 离子液体作为溶剂进行液相微萃取相对其他溶剂有何优缺点？
2. 用标准加入法进行定量有何优点？使用时应注意什么问题？

实验 42　薄层色谱法分离组氨酸和色氨酸

【实验目的】

1. 了解薄层色谱的基本原理和应用。
2. 掌握薄层色谱的操作技术。

【实验原理】

薄层色谱（thin layer chromatography）又称薄层层析，常用 TLC 表示。它是根据样品中不同组分在固定相（薄层板上的吸附剂或吸附在吸附剂上的其他物质）和流动相（展层液）之间作用力大小的不同进行分离的一种方法。在展开剂的作用下，不同的组分在吸附剂上产生不同程度的吸附、解吸附的连续过程，从而达到彼此的分离。此法所需实验条件简单，特别适用于挥发性较小或在较高温度易发生变化而不能用气相色谱分析的物质。该法在化合物的定性检验、少量物质的快速分离、反应进程跟踪、化合物纯度的检验等方面有广泛应用。

薄层色谱分析中进行定性的重要依据是比移值（R_f）。影响比移值的因素很多，如薄层的厚度、吸附剂颗粒的大小、酸碱性、活性等级、外界温度和展开剂纯度、组成、挥发性等。所以，要获得重现的比移值就比较困难。为此，在测定某一试样时，最好用已知样品进行对照。

$$R_f = \frac{溶质最高浓度中心至原点中心的距离}{溶剂前沿至原点中心的距离}$$

【仪器和试剂】

1. 仪器

层析缸、玻璃层析板、点样用毛细管、电吹风、电炉、直尺。

2. 试剂

硅胶粉、0.5%的羧甲基纤维素钠水溶液、组氨酸（$1mg \cdot mL^{-1}$）、色氨酸（$1mg \cdot mL^{-1}$）、组氨酸和色氨酸混合液（各 $0.5mg \cdot mL^{-1}$）、正丁醇、冰乙酸、0.1%茚三酮乙醇溶液。

【实验步骤】

1. 薄层板的制备

薄层板制备的好坏直接影响色谱的结果。薄层应尽量均匀且厚度要固定。否则，在展开时前沿不齐，色谱结果也不易重复。在烧杯中放入 2g 硅胶 G，加入 5~6mL 0.5%的羧甲基纤维素钠水溶液，调成糊状。将配制好的浆料倾注到清洁干燥的玻片上，拿在手中轻轻的左右摇晃，使其表面均匀平滑，在室温下晾干后进行活化。本实验用此法制备薄层板 3 片。

2. 薄层板的活化

将涂布好的薄层板置于室温晾干后，放入烘箱中逐渐升温至 110℃，活化 1h，当温度降到室温时取出，立即点样或放入干燥器中备用。

3. 展层剂的配制

按照一定体积比（正丁醇∶冰乙酸∶水＝3∶1∶1＝24∶8∶8）配制总体积为40mL的展开剂，混匀后倒入层析缸中，盖好缸盖，密封平衡30min。

4. 点样

先用铅笔在距薄层板一端1cm处轻轻划一横线作为起始线，然后用毛细管吸取样品，在起始线上小心点样，斑点直径一般不超过2mm。若因样品溶液太稀，可重复点样，但应待前次点样的溶剂挥发后方可重新点样，以防样点过大，造成拖尾、扩散等现象，而影响分离效果。若在同一板上点几个样，样点间距应足够，点样要轻，不可刺破薄层。本实验要求在活化好了的薄层板上，按一端1.5cm的间距，用毛细管轻轻地点上三个样点，即组氨酸（His）、色氨酸（Trp）和两种氨基酸的混合液，用电吹风吹干立即展开。

5. 展开

薄层色谱的展开，需要在密闭容器中进行。为使溶剂蒸气迅速达到平衡，可在展开槽内衬一滤纸。在层析缸中加入配好的展开剂，使其高度不超过1cm。将点好的薄层板小心放入层析缸中，点样一端朝下，浸入展开剂中（点样端浸入展开剂中约0.5cm，样点不能浸入溶剂中）。盖好瓶盖，可观察到展开剂前沿上升。若从原点到前沿的距离为2cm，即可取出，注意不要让展开剂前沿上升至顶端边线。

6. 显色

若被分离物质是有色组分，展开后薄层色谱板上即呈现出有色斑点。本实验样品本身没有颜色，在显色剂（茚三酮）作用下可观察到样品的斑点。

将取出的薄层板用电吹风吹干，然后放在通风橱中，均匀地喷洒茚三酮显色剂。在电炉上烘3~5min，使斑点显色，用铅笔标出斑点的中心位置。量出各斑点到前沿的距离，计算各样品的R_f值（也可在展层前将显色剂加入到展开剂中，展层结束后直接加热即可显色，还可避免喷洒不均匀对结果造成影响）。

【数据记录与处理】

见表7-3。

表7-3 数据记录与处理

项　　目	组氨酸	色氨酸	混合液斑点1	混合液斑点2
样品移动的距离/cm				
溶剂前沿移动的距离/cm				
比移值				

【思考题】

1. 影响利用比移值进行定性的准确度的因素主要有哪些？应如何减少这些因素对定性准确度的影响？
2. 如何实现薄层色谱的定量？

实验43　壳聚糖磁性微球的制备及其对偶氮品红的吸附

【实验目的】

1. 了解壳聚糖磁性微球的性质及其在有机染料废水处理中的应用。
2. 学习壳聚糖磁性微球的制备。
3. 学习用红外光谱法进行结构表征。
4. 学习吸附法的有关操作及吸附效果评价。

【实验原理】

印染废水具有色度深、毒性大、难生化降解等特点，一直是工业废水处理中的一大难题。治理染料废水有效的途径是先通过物理化学方法将其进行脱色预处理，去除生物毒性大、色度大的染料分子，然后通过后续生化处理，达到综合治理的目的。其中作为染料废水预处理的物理化学处理是十分关键的。吸附法因具有操作简单、规模适应性强、易放大等优点研究得比较多。

磁性壳聚糖微球结合了壳聚糖和磁性的特点，在水处理方面有着巨大的优势。一方面，与传统的絮凝剂相比，磁性壳聚糖由于其本身独特的结构及化学性质能吸附多种物质，具有吸附容量大、净化效率高、成本低、无毒、不造成二次污染等优点；另一方面，磁性壳聚糖具有磁响应性，在外界磁场存在下能定向运动，容易分离回收。因此，磁性壳聚糖是水处理领域中具有很大潜力的环境友好型吸附材料。本实验利用反相悬浮交联法，选用磁响应性较好的 Fe_3O_4 为核制备壳聚糖磁性微球，研究壳聚糖磁性微球对偶氮品红的吸附性能。

【主要仪器和试剂】

1. 仪器

分光光度计、真空干燥箱、超声波清洗器、分析天平。

2. 试剂

壳聚糖（脱乙酰度为90％）、丙酮、偶氮品红、乙酸、戊二醛（25％）、硫酸亚铁、硫酸铁、石油醚、液体石蜡、吐温80。

【实验步骤】

1. 壳聚糖磁性微球的制备

(1) 磁流体的制备与表征　将100mL蒸馏水置于250mL三颈瓶中，依次加入 1.5mmol $FeSO_4$ 和 1.5mmol $FeCl_2$，在 N_2 保护下充分溶解后，然后在60℃下边搅拌边滴加 1.5mol·L^{-1} NaOH水溶液至反应混合液的pH值为11～12，然后于60℃下继续反应2h，得到棕黑色悬浮液，水洗至中性，取部分悬液磁分离后真空干燥，进行红外测试。其余以悬液状态保存，备用。

(2) 磁性壳聚糖微球的制备与表征　在250mL的三颈瓶中，分别加入2％壳聚糖乙酸溶液20mL，20mL磁流体，4mL吐温80及80mL液体石蜡，常温下充分搅拌30min，以形成均匀细小颗粒。造粒结束后，加入2.0mL 25％戊二醛进行交联，先在40℃下反应1h，再于 60℃ 下反应 3h。产物用石油醚、丙酮、水充分洗涤分离后于 60℃ 真空干燥。取少量干燥后的壳聚糖磁性微球，进行红外测试。

2. 偶氮品红标准曲线的绘制

配制不同浓度系列（5mg·L^{-1}、10mg·L^{-1}、15mg·L^{-1}、20mg·L^{-1}、25mg·L^{-1}、30mg·L^{-1}）偶氮品红溶液，以蒸馏水为参比，在 550nm 处分别测溶液的吸光度，以吸光度值 A 对浓度 c 作图，即可得到偶氮品红的标准曲线。将所测数据用计算机进行线性拟合，可得到标准曲线对应的直线方程和相关系数。

3. 磁性壳聚糖微球对偶氮品红的吸附

取 50mL 偶氮品红溶液（$c \leqslant 50$mg·L^{-1}，pH 4.0）于锥形瓶中，加入 10mg 磁性壳聚糖微球，40℃ 吸附 60min 后，在外加磁场作用下，将磁性微球吸至底部，取上清液于 550nm 测吸光度，根据吸光度 A 与浓度 c 的校正曲线方程计算溶液中偶氮品红的浓度。吸附率和吸附量分别按如下公式计算：

$$E\% = (c_0 - c_e)/(100c_0)$$
$$Q = (c_0 - c_e)V/(1000m)$$

式中，$E\%$ 为吸附率；c_0、c_e 分别为溶液中偶氮品红的起始浓度和吸附后的平衡浓度，mg·L^{-1}；Q 为吸附量，mg·g^{-1}；V 为溶液的体积，mL；m 为吸附剂的质量，g。

【数据记录与处理】

1. 磁流体的红外图谱。
2. 壳聚糖磁性微球的红外图谱。
3. 偶氮品红标准曲线的测定（表 7-4）。

表 7-4 偶氮品红标准曲线的测定结果

浓度 c/mg·L^{-1}	5	10	15	20	25	30
吸光度(A)						
回归方程						
相关系数						

4. 吸附效果

见表 7-5。

表 7-5 吸附效果

项目	1	2	3	平均值
吸附前溶液的吸光度(A)				
吸附前偶氮品红的浓度/mg·L^{-1}				
吸附后溶液的吸光度(A)				
吸附后偶氮品红的浓度/mg·L^{-1}				
吸附率 E/%				
吸附量 Q/mg·g^{-1}				

【思考题】

1. 指出磁流体和壳聚糖磁性微球的红外图谱中各主要峰的归属。
2. 为什么壳聚糖磁性微球吸附偶氮品红选择 pH 4.0 进行？

实验 44 GC-MS 定性分析邻苯二甲酸酯类化合物

【实验目的】

1. 了解气相色谱-质谱的原理及仪器构造。
2. 了解气相色谱-质谱联用仪的基本构造及基本操作。
3. 掌握气相色谱-质谱基本定性参数及质谱谱图解析。

【实验原理】

气相色谱（GC）主要是利用物质沸点、极性及吸附性质的差异来实现混合物的分离技术。在实际工作中要分析的样品通常很复杂，因此对含有未知组分的样品，首先必须要将其分离，然后才能对有关组分做进一步的定性定量分析。待分析样品在气化室气化后被惰性气体（即载气，也叫流动相）带入色谱柱，柱内含有固定相，由于样品中各组分的沸点、极性或吸附性能不同，每种组分都倾向于在流动相和固定相之间形成分配或吸附平衡。因为载气在流动，使得样品组分在运动中进行反复多次的分配或吸附/解吸，造成在载气中分配浓度大的组分先流出色谱柱进入检测器。

质谱法（MS）是通过将样品转化为运动的气态离子并按照质荷比（m/z）大小进行分离记录的分析方法，根据质谱图提供的信息可以进行多种有机物及无机物的定性定量及结构分析，现已成为鉴定有机化合物结构的重要工具之一。MS 可以提供分子量信息以及丰富的碎片离子信息，从而根据碎裂方式和碎裂理论深入研究质谱碎裂机理，为分析鉴定有机化合物结构提供数据，对离子结构对应的分子组成、精确质量的测定给出有力的证明。

气相色谱质谱联用仪（GC-MS）结合了气相色谱和质谱的能力。气相色谱分离样品中各个组分，起着样品分离的作用；接口把气相色谱流出的各个组分送入质谱仪进行检测；质谱仪对接口引入的各个组分进行分析，成为气相色谱的检测器；计算机系统控制气相色谱、接口和质谱仪，进行数据采集和处理，如图 7-2、图 7-3 所示。

图 7-2 GC-MS 分析流程图

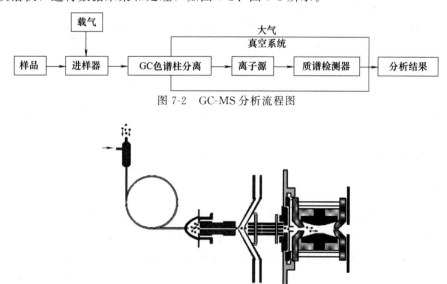

图 7-3 GC-MS 仪器结构示意图

【仪器和试剂】

1. 仪器

6890N-5973N 气相色谱-质谱仪（美国安捷伦科技有限公司）；HP-SMS 色谱柱（美国安捷伦科技有限公司）；10μL 微量进样针。

2. 试剂

色谱纯丙酮；邻苯二甲酸二辛酯 DOP；邻苯二甲酸二甲酯 DMP；邻苯二甲酸单(2-乙基己基)酯 DEMP，结构式如下。

DOP　　　　　　DMP　　　　　　DEMP

【实验步骤】

1. 邻苯二甲酸酯类化合物储备液的配制

将邻苯二甲酸二辛酯（DOP）、邻苯二甲酸单(2-乙基己基)酯（MEHP）、邻苯二甲酸二甲酯（DMP）标准品以丙酮为溶剂配制成 $1000\mu g \cdot mL^{-1}$ 的母液备用。取 DBP、MEHP、DMP 母液（$1000\mu g \cdot mL^{-1}$）各 5μL，加丙酮定容到 1000μL 配制成 $5mg \cdot L^{-1}$ 的混合标准液。

2. 打开电脑中 GC-MS Instrument 软件，设定本次实验所用的方法

(1) GC 条件　进样口温度为 280℃；进样方式为不分流进样；柱温程序为初始 60℃ 保持 1min，以 $20℃ \cdot min^{-1}$ 升温到 200℃ 保持 1min，再以 $10℃ \cdot min^{-1}$ 升温到 310℃ 保持 10min；恒线速度为 $40℃ \cdot s^{-1}$；

(2) MS 条件　离子化方式为 EI；离子源温度为 230℃；色谱-质谱接口温度为 280℃；载气为 He；溶剂延迟时间为 4min；采样方式为 MRM 模式。

3. 丙酮清洗微量进样针三次，吸取邻苯二甲酸酯类标准溶液（$5mg \cdot L^{-1}$）于微量进样针中，点击"start run"，气相质谱操作面板上按下"prep run"按钮，用微量进样针由气相色谱仪进样口进样，同时按下 start，开始检测。

4. 待 GC-MS 均运行完毕后，将进样口温度降低至 50℃。

5. 打开电脑 GC-MS Data Analysis 软件，从相应文件夹中打开本次实验的数据文件，进行数据定性处理。

6. 关闭相关软件。

【实验数据处理】

1. 打开 GC-MS Instrument Data Analysis 软件。点击"Open Data File"，双击要选择的数据文件名称，右侧出现相应的 TIC（总离子色谱图）。

2. 显示组分的质谱图。在总离子流图中组分峰 1，放大 TIC，右键双击峰，屏幕显示质谱图。

3. 标准质谱图谱库的计算机检索。

4. 依次选择其他组分峰，重复步骤 2、3。
5. 分析结果归纳汇总后填入表 7-6。

表 7-6 分析结果

序号	保留时间	分子量	m/z	化合物名称	分子式
1					
2					
3					

【注意事项】

1. 在进样之前，要确保样品中不含水。
2. 小心不要碰到 GC 进样口，以免烫伤。
3. 设置 GC 和 MS 的参数注意保存，待实验条件达到后，指示灯变绿再进行进样。
4. 注意进样针的使用。
5. 邻苯二甲酸酯类化合物有毒性，实验完毕要及时洗手。

【问题讨论】

1. GC-MS 分析与 GC 分析相比有什么优点？质谱可以提供什么信息？
2. 质谱仪组成和各部件有何作用？
3. 质谱总离子流图是如何得到的？它有什么用处？
4. 气相色谱是依据什么原理将样品分离，质谱又是按照什么进行分析记录？

实验 45 双-[6-氧-(3-羧甲基丁二酸单酯-4)]-β-环糊精衍生物的合成、表征及在 HPLC 拆分手性药物头孢氨苄中的应用

【实验目的】

1. 通过对 β-环糊精衍生物（双-[6-氧-(3-羧甲基丁二酸单酯-4)]-β-环糊精衍生物的合成、表征）粗产品的分离纯化及在 HPLC 中的应用，使学生了解超分子化合物 β-环糊精（β-CD）衍生物的功能与用途。

2. 使学生了解现代分离技术手段 HPLC 的作用。

3. 通过对 β-环糊精衍生物的初步结构表征使学生对仪器分析中的紫外光谱、荧光光谱和红外光谱表征手段及应用有一个全面的了解。

【仪器和试剂】

1. 仪器

紫外光谱仪；荧光光谱仪；红外光谱仪；高效液相色谱仪；超声波脱气装置等。

2. 试剂

β-CD；顺丁烯二酸酐；氯乙酸；丙酮；乙醇；乙腈；头孢氨苄（药品与对照品）；Tris-磷酸缓冲液。

【实验步骤】

1. 文献调研

（1）介绍研究对象，布置文献调研任务。

（2）讨论文献调研结果。

2. β-CD-马来酸酐衍生物（β-CD-A_2）的合成

将马来酸酐与 β-CD（摩尔比 15∶1）在研钵中磨成粉末，混合后充分摇匀置于 250mL 锥形瓶中，置于 50℃恒温水浴中熔化，改用 80℃恒温水浴反应 6~8h，停止反应后，产物放置过夜后处理，洗涤至粉末状置于干燥器中备用。

3. 双-[6-氧-(3-羧甲基丁二酸单酯-4)]-β-CD 衍生物的制备

将 β-CD-马来酸酐与氯乙酸（摩尔比 1∶5）置于锥形瓶中，于 80℃恒温水浴锅中反应保温 8h，取出冷却至室温，后处理，抽滤，抽干，收集固体，置于干燥器中。

$$\beta\text{-CD} \longrightarrow \beta\text{-CD} (\!-\!O\!-\!\overset{O}{\overset{\|}{C}}\!-\!CH\!=\!CH\!-\!COOH)_2 \xrightarrow{ClCH_2COOH} \beta\text{-CD}(\!-\!O\!-\!\overset{O}{\overset{\|}{C}}\!-\!\overset{CH_2COOH}{\underset{}{CH}}\!-\!CH_2\!-\!COOH)_2$$

（衍生物 2） （衍生物 3）

4. 双-[6-氧-(3-羧甲基丁二酸单酯-4)]-β-CD 衍生物的结构表征

将粗产品进行紫外、红外、质谱及核磁等表征。因衍生物所含官能团与纯 β-CD 有差

异,通过常规仪器如紫外、红外即可将粗产品的结构进行一定程度的表征,若有条件可进一步做质谱及核磁表征。

(1) 紫外扫描表征及分析 配制 3×10^{-5} mol·L^{-1} β-CD 水溶液(水为参比), 3×10^{-5} mol·L^{-1} β-CD-A_2 水溶液(水为参比), 3×10^{-5} mol·L^{-1} β-CD-B_2 水溶液(水为参比),在 200~500nm 波长范围内进行扫描,比较两者谱图,判断马来酸酐是否键合到 β-CD 上,氯乙酸是否加成。

(2) 红外谱图表征及分析 取适量 β-CD、β-CD-A_2、β-CD-B_2 在红外光谱仪上得红外光谱图,比较羧基峰差异确定相关官能团结构。

(3) 荧光光谱表征及分析 取适量 β-CD、β-CD-A_2、β-CD-B_2 在荧光光谱仪上得荧光光谱图,比较三者激发、发射峰及强度差异。

5. 双-[6-氧-(3-羧甲基丁二酸单酯-4)]-β-CD 衍生物作为流动相手性选择剂在 HPLC 分离头孢氨苄中的应用

(1) 实验原理

手性化合物头孢氨苄有两个手性中心,四个对映体,性质极为相近,难以分离,本实验选用双-[6-氧-(3-羧甲基丁二酸单酯-4)]-β-CD 衍生物手性选择剂。作为 HPLC 手性流动相添加剂在适宜条件可将头孢氨苄四个对映体拆分,缘于样品组分各对映异构体与手性流动相之间的作用力不同,从而得以分离。

环糊精(cyclodextrin,CD)是一类环状低聚糖同系物,由 6~8 个葡萄糖分子经 α-1,4 糖苷键键合生成的,空腔内部由于含有—CH 和—O—原子而呈疏水性,所有的羟基则在分子外部,具有亲水性。环糊精分子空腔部分的疏水性可以与对映异构体分子的疏水性部分发生包合作用,而空腔边缘的羟基则可以与对映异构体分子中的极性基团(如—OH,—NH_2)发生氢键等极性相互作用,从而构成"三点相互作用",实现手性分离。所谓"三点相互作用"是指对映体具有三维空间结构,用手性选择剂通过物理方法要将其分离,必须满足这二者之间至少有三个作用点,并且同时发生作用,而且这三个位点中必须至少有一个相互作用受立体化学控制,其相互作用包括静电作用、偶极-偶极作用或离子-偶极作用、氢键作用、范德华力、诱导效应、疏水作用等分子间作用。

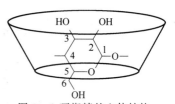

图 1 β-环糊精的立体结构

(2) 仪器与试剂

① 仪器 岛津(LC-16,LC-15C)或依利特液相色谱仪(分析型 P230Ⅱ),紫外检测器(分析型 UV230Ⅱ),25μL 微量注射器,过滤器,0.2μm 滤膜。

② 试剂 甲醇(HPLC),乙酸,三乙胺,超纯水。

③ 关机 实验完成后要用 100%甲醇饱和柱,然后关机,先关软件再关硬件。

(3) 实验要点及注意事项

本实验主要是考察双-[6-氧-(3-羧甲基丁二酸单酯-4)]-β-CD 衍生物作为高效液相色谱运行的流动相,采用 ODS-C_{18} 柱,通过改变流动相比例、pH 值、样品浓度、样品溶剂条件来探求分离头孢氨苄的最佳分离条件。流动相每次运行之前都要进行足够时间脱气处理,过滤流动相所用滤膜均为 0.2μm 微孔滤膜,采用 50μL 微量进样器进样,每次进样量固定为 20μL,保持柱温恒定。

① 了解仪器的基本构造,然后开机。

② 进入 windows 操作界面，设定设定波长等参数，设定新的方法。注意：改变实验条件一定要保存。

（4）实验步骤

① 实验条件　色谱柱：150mm×ϕ4.6mm 不锈钢柱。固定相：C_{18} 键合硅胶固定相。流动相：$V_{手性添加剂}:V_{乙腈}=75:25$。样品浓度为 $0.8g·L^{-1}$（水溶）；pH 值为 8.5；波长为 310nm；流速为 $0.60mL·min^{-1}$；进样量为 $20\mu L$。

② 将流动相脱气完全，安装流路。启动仪器，按所需色谱条件设置仪器，开启泵，排气完全后将流动相接通液相色谱仪流路。

③ 基线平稳后，进样 $20\mu L$，记录色谱图和各峰的出峰时间和峰面积等参数。

④ 实验结束，用 100% 甲醇冲洗色谱柱，饱和 0.5h 左右。

⑤ 关机。

（5）数据处理

根据所得色谱图，找出头孢氨苄手性添加剂环境中所得 4 个对映异构体分离的各相邻色谱峰，计算各峰间峰底分离度 R。

$$R=\frac{2(t_{R_2}-t_{R_1})}{W_1+W_2}$$

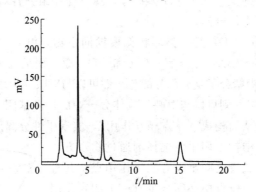

色谱条件：pH 8.8，浓度为 $5mmol·L^{-1}$ 的 β-CD-B_2-三乙胺缓冲液中，流速 $0.6mL·min^{-1}$。头孢氨苄浓度为 $2.3\times10^{-3}mol·L^{-1}$，进样 $20\mu L$，$V_{乙腈}:V_{缓}=20\%:80\%$，检测波长 310nm

【思考题】

1. 所使用的条件中对手性化合物分离起决定性作用的是哪些因素？
2. 你还知道哪些手性分离材料？
3. 你还了解哪些材料表征技术？

附　录

附录1　常用指示剂

1. 酸碱指示剂（18～25℃）

指示剂名称	pH变色范围	颜色变化	溶液配制方法
甲基紫（第一变色范围）	0.13～0.5	黄～绿	1g·L^{-1}或0.5g·L^{-1}的水溶液
甲酚红（第一变色范围）	0.2～1.8	红～黄	0.04g指示剂溶于100mL 50%乙醇
甲基紫（第二变色范围）	1.0～1.5	绿～蓝	1g·L^{-1}水溶液
百里酚蓝（麝香草酚蓝）（第一变色范围）	1.2～2.8	红～黄	0.1g指示剂溶于100mL 20%乙醇
甲基紫（第三变色范围）	2.0～3.0	蓝～紫	1g·L^{-1}水溶液
甲基橙	3.1～4.4	红～黄	1g·L^{-1}水溶液
溴酚蓝	3.0～4.6	黄～蓝	0.1g指示剂溶于100mL 20%乙醇
刚果红	3.0～5.2	蓝紫～红	1g·L^{-1}水溶液
溴甲酚绿	3.8～5.4	黄～蓝	0.1g指示剂溶于100mL 20%乙醇
甲基红	4.4～6.2	红～黄	0.1g或0.2g指示剂溶于100mL 60%乙醇
溴酚红	5.0～6.8	黄～红	0.1g或0.04g指示剂溶于100mL 20%乙醇
溴百里酚蓝	6.0～7.6	黄～蓝	0.05g指示剂溶于100mL 20%乙醇
中性红	6.8～8.0	红～亮黄	0.1g指示剂溶于100mL 60%乙醇
酚红	6.8～8.0	黄～红	0.1g指示剂溶于100mL 20%乙醇
甲酚红	7.2～8.8	亮黄～紫红	0.1g指示剂溶于100mL 50%乙醇
百里酚蓝（麝香草酚蓝）（第二变色范围）	8.0～9.6	黄～蓝	参看第一变色范围
酚酞	8.2～10.0	无色～紫红	0.1g指示剂溶于100mL 60%乙醇
百里酚蓝	9.3～10.5	无色～蓝	0.1g指示剂溶于100mL 90%乙醇

2. 酸碱混合指示剂

指示剂溶液的组成	变色点 pH 值	颜色 酸色	颜色 碱色	备注
三份 $1g \cdot L^{-1}$ 溴甲酚绿酒精溶液 一份 $2g \cdot L^{-1}$ 甲基红酒精溶液	5.1	酒红	绿	
一份 $2g \cdot L^{-1}$ 甲基红酒精溶液 一份 $1g \cdot L^{-1}$ 亚甲基蓝酒精溶液	5.4	红紫	绿	pH 5.2 红紫 pH 5.4 暗紫 pH 5.6 绿
一份 $1g \cdot L^{-1}$ 溴甲酚绿钠盐水溶液 一份 $1g \cdot L^{-1}$ 氯酚红钠盐水溶液	6.1	黄绿	蓝紫	pH 5.4 蓝绿 pH 5.8 蓝 pH 6.2 紫蓝
一份 $1g \cdot L^{-1}$ 中性红酒精溶液 一份 $1g \cdot L^{-1}$ 亚甲基蓝酒精溶液	7.0	蓝紫	绿	pH 7.0 蓝紫
一份 $1g \cdot L^{-1}$ 溴百里酚蓝钠盐水溶液 一份 $1g \cdot L^{-1}$ 酚红钠盐水溶液	7.5	黄	绿	pH 7.2 暗绿 pH 7.4 淡紫 pH 7.6 深紫
一份 $1g \cdot L^{-1}$ 甲酚红钠盐水溶液 一份 $1g \cdot L^{-1}$ 百里酚蓝钠盐水溶液	8.3	黄	紫	pH 8.2 玫瑰色 pH 8.4 紫色

3. 金属指示剂

指示剂名称	离解平衡和颜色变化	溶液配制方法
铬黑 T（EBT）	$pK_{a2}=6.3 \quad pK_{a3}=11.55$ $H_2In^- \rightleftharpoons HIn^{2-} \rightleftharpoons In^{3-}$ 紫红　　　蓝　　　橙	$5g \cdot L^{-1}$ 水溶液
二甲酚橙（XO）	$pK_a=6.3$ $H_3In^{4-} \rightleftharpoons H_2In^{5-}$ 黄　　　红	$2g \cdot L^{-1}$ 水溶液
K-B 指示剂	$pK_{a1}=8 \quad pK_{a2}=13$ $H_2In \rightleftharpoons HIn^- \rightleftharpoons In^{2-}$ 红　　蓝　　紫红 （酸性铬蓝 K）	0.2g 酸性铬蓝 K 与 0.4g 萘酚绿 B 溶于 100mL 水中
钙指示剂	$pK_{a2}=7.4 \quad pK_{a3}=13.5$ $H_2In^- \rightleftharpoons HIn^{2-} \rightleftharpoons In^{3-}$ 酒红　　蓝　　酒红	$5g \cdot L^{-1}$ 的乙醇溶液
吡啶偶氮萘酚（PAN）	$pK_{a1}=1.9 \quad pK_{a2}=12.2$ $H_2In^+ \rightleftharpoons HIn \rightleftharpoons In^-$ 黄绿　　黄　　淡红	$1g \cdot L^{-1}$ 的乙醇溶液
Cu-PAN（CuY-PAN 溶液）	$CuY+PAN+M^{n+} \rightleftharpoons MY+Cu-PAN$ 浅绿　　　　　　　无色　　红色	将 $0.05mol \cdot L^{-1}$ Cu^{2+} 液 10mL，加 pH5~6 的 HAc 缓冲液 5mL，1 滴 PAN 指示剂，加热至 60℃ 左右，用 EDTA 滴至绿色，得到约 $0.025mol \cdot L^{-1}$ 的 CuY 溶液。使用时取 2~3mL 于试液中，再加数滴 PAN 溶液。

续表

指示剂名称	离解平衡和颜色变化	溶液配制方法
磺基水杨酸	$pK_{a1}=2.7$ $pK_{a2}=13.1$ $H_2In \rightleftharpoons HIn^- \rightleftharpoons In^{2-}$ 无色	$10g·L^{-1}$的水溶液
钙镁试剂 (Calmagite)	$pK_{a2}=8.1$ $pK_{a3}=12.4$ $H_2In^- \rightleftharpoons HIn^{2-} \rightleftharpoons In^{3-}$ 红 蓝 红橙	$5g·L^{-1}$的水溶液

注：EBT、钙指示剂、K-B 指示剂等在水溶液中的稳定性较差，可以配成指示剂与 NaCl 之比为 1∶100 或 1∶200 的固体粉末。

4. 氧化还原指示剂

指示剂名称	$E^{\ominus\prime}/V$ $[H^+]=1mol·L^{-1}$	颜色变化		溶液配制方法
		氧化态	还原态	
二苯胺	0.76	紫	无色	$10g·L^{-1}$的浓H_2SO_4溶液
二苯胺磺酸钠	0.85	紫红	无色	$5g·L^{-1}$的水溶液
N-邻苯氨基苯甲酸	1.08	紫红	无色	0.01g指示剂加 20mL $50g·L^{-1}$的Na_2CO_3溶液，用水稀释至100mL
邻二氮菲-Fe(Ⅱ)	1.06	浅蓝	红	1.485g 邻二氮菲加 0.965g $FeSO_4$，溶解，稀释至100mL($0.025mol·L^{-1}$水溶液)
5-硝基邻二氮菲-Fe(Ⅱ)	1.25	浅蓝	紫红	1.608g 5-硝基邻二氮菲加 0.695g $FeSO_4$，溶解，稀释至100mL($0.025mol·L^{-1}$水溶液)

5. 吸附指示剂

名称	配制	用于测定		
		可测元素（括号内为滴定剂）	颜色变化	测定条件
荧光黄	1%钠盐水溶液	$Cl^-,Br^-,I^-,SCN^-(Ag^+)$	黄绿~粉红	中性或弱碱性
二氯荧光黄	1%钠盐水溶液	$Cl^-,Br^-,I^-(Ag^+)$	黄绿~粉红	pH 4.4~7.2
四溴荧光黄(曙红)	1%钠盐水溶液	$Br^-,I^-(Ag^+)$	橙红~红紫	pH 1~2

附录 2 常用缓冲溶液的配制

缓冲溶液组成	pK_a	缓冲液 pH	缓冲溶液的配制方法
氨基乙酸-HCl	2.35 (pK_{a1})	2.3	取氨基乙酸 150g 溶于 500mL 水中后，加浓 HCl 溶液 80mL，水稀释至1000mL
H_3PO_4-柠檬酸盐		2.5	取 $Na_2HPO_4·12H_2O$ 113g 溶于 250mL 水后，加柠檬酸 387g，溶解，过滤后，稀释至1000mL
一氯乙酸-NaOH	2.86	2.8	取 200g 一氯乙酸溶于 200mL 水中，加 NaOH 40g，溶解后，稀释至1000mL

续表

缓冲溶液组成	pK_a	缓冲液 pH	缓冲溶液的配制方法
邻苯二甲酸氢钾-HCl	2.95 (pK_{a1})	2.9	取 500g 邻苯二甲酸氢钾溶于 500mL 水中，加浓 HCl 溶液 80mL，稀释至 1000mL
甲酸-NaOH	3.76	3.7	取 95g 甲酸和 NaOH 40g 溶于水中，加冰醋酸 60mL，稀释至 1000mL
NaAc-HAc	4.74	4.7	取无水 NaAc 83g 溶于水中，加冰醋酸 60mL，稀释至 1000mL
六亚甲基四胺-HCl	5.15	5.4	取六亚甲基四胺 40g 溶于 200mL 水中，加浓 HCl 10mL，稀释至 1000mL
Tris-HCl[三羟甲基氨基甲烷 $CNH_2(HOCH_3)_3$]	8.21	8.2	取 25g Tris 试剂溶于水中，加浓 HCl 溶液 8mL，稀释至 1000mL
NH_3-NH_4Cl	9.26	9.2	取 NH_4Cl 54g 溶于水中，加浓氨水 63mL，稀释至 1000mL

注：1. 缓冲液配制后可用 pH 试纸检查。如 pH 值不对，可用共轭酸或碱调节。pH 值欲调节精确时，可用 pH 计调节。
2. 若需增加或减少缓冲液的缓冲容量时，可相应增加或减少共轭酸碱对物质的量，再调节之。

附录3 常用基准物质及干燥条件与应用

基准物质		干燥后组成	干燥条件 $t/℃$	标定对象
名 称	分子式			
碳酸氢钠	$NaHCO_3$	Na_2CO_3	270～300	酸
碳酸钠	$Na_2CO_3 \cdot 10H_2O$	Na_2CO_3	270～300	酸
硼砂	$Na_2B_4O_7 \cdot 10H_2O$	$Na_2B_4O_7 \cdot 10H_2O$	放在含 NaCl 的蔗糖饱和液的干燥器中	酸
碳酸氢钾	$KHCO_3$	K_2CO_3	270～300	酸
草酸	$H_2C_2O_4 \cdot 2H_2O$	$H_2C_2O_4 \cdot 2H_2O$	室温空气干燥	碱或 $KMnO_4$
邻苯二甲酸氢钾	$KHC_8H_4O_4$	$KHC_8H_4O_4$	110～120	碱
重铬酸钾	$K_2Cr_2O_7$	$K_2Cr_2O_7$	140～150	还原剂
溴酸钾	$KBrO_3$	$KBrO_3$	130	还原剂
碘酸钾	KIO_3	KIO_3	130	还原剂
铜	Cu	Cu	室温干燥器中保存	还原剂
三氧化二砷	As_2O_3	As_2O_3	室温干燥器中保存	氧化剂
草酸钠	$Na_2C_2O_4$	$Na_2C_2O_4$	130	氧化剂
碳酸钙	$CaCO_3$	$CaCO_3$	110	EDTA
锌	Zn	Zn	室温干燥器中保存	EDTA
氧化锌	ZnO	ZnO	900～1000	EDTA
氯化钠	NaCl	NaCl	500～600	$AgNO_3$
氯化钾	KCl	KCl	500～600	$AgNO_3$
硝酸银	$AgNO_3$	$AgNO_3$	280～290	氧化物
氨基磺酸	$HOSO_2NH_2$	$HOSO_2NH_2$	在真空 H_2SO_4 干燥器中保存 48h	碱
氟化钠	NaF	NaF	铂坩埚中 500～550℃下保存 40～50min 后，H_2SO_4 干燥器中保存	

附录4 常用化合物的分子量

化合物	分子量	化合物	分子量	化合物	分子量
Ag_3AsO_4	462.52	$CaCl_2$	110.99	$FeCl_2$	126.75
$AgBr$	187.77	$CaCl_2 \cdot 6H_2O$	219.08	$FeCl_2 \cdot 4H_2O$	198.81
$AgCl$	143.32	$Ca(NO_3)_2 \cdot 4H_2O$	236.15	$FeCl_3$	162.21
$AgCN$	133.89	$Ca(OH)_2$	74.09	$FeCl_3 \cdot 6H_2O$	270.30
$AgSCN$	165.95	$Ca_3(PO_4)_2$	310.18	$FeNH_4(SO_4)_2 \cdot 12H_2O$	482.18
Ag_2CrO_4	331.73	$CaSO_4$	136.14	$Fe(NO_3)_3$	241.86
AgI	234.77	$CdCO_3$	172.42	$Fe(NO_3)_3 \cdot 9H_2O$	404.00
$AgNO_3$	169.87	$CdCl_2$	183.32	FeO	71.846
$AlCl_3$	133.34	CdS	144.47	Fe_2O_3	159.69
$AlCl_3 \cdot 6H_2O$	241.43	$Ce(SO_4)_2$	332.24	Fe_3O_4	231.54
$Al(NO_3)_3$	213.00	$Ce(SO_4)_2 \cdot 4H_2O$	404.30	$Fe(OH)_3$	106.87
$Al(NO_3)_3 \cdot 9H_2O$	375.13	$CoCl_2$	129.84	FeS	87.91
Al_2O_3	101.96	$CoCl_2 \cdot 6H_2O$	237.93	Fe_2S_3	207.87
$Al(OH)_3$	78.00	$Co(NO_3)_2$	132.94	$FeSO_4$	151.90
$Al_2(SO_4)_3$	342.14	$Co(NO_3)_2 \cdot 6H_2O$	291.03	$FeSO_4 \cdot 7H_2O$	278.01
$Al_2(SO_4)_3 \cdot 18H_2O$	666.41	CoS	90.99	$FeSO_4 \cdot (NH_4)_2SO_4 \cdot 6H_2O$	392.13
As_2O_3	197.84	$CoSO_4$	154.99		
As_2O_5	229.84	$CoSO_4 \cdot 7H_2O$	281.10	H_3AsO_3	125.94
As_2S_3	246.02	$Co(NH_2)_2$	60.06	H_3AsO_4	141.94
		$CrCl_3$	158.35	H_3BO_3	61.83
$BaCO_3$	197.34	$CrCl_3 \cdot 6H_2O$	266.45	HBr	80.912
BaC_2O_4	225.35	$Cr(NO_3)_3$	238.01	HCN	27.026
$BaCl_2$	208.24	Cr_2O_3	151.99	$HCOOH$	46.026
$BaCl_2 \cdot 2H_2O$	244.27	$CuCl$	98.999	CH_3COOH	60.052
$BaCrO_4$	253.32	$CuCl_2$	134.45	H_2CO_3	62.025
BaO	153.33	$CuCl_2 \cdot 2H_2O$	170.48	$H_2C_2O_4$	90.035
$Ba(OH)_2$	171.34	$CuSCN$	121.62	$H_2C_2O_4 \cdot 2H_2O$	126.07
$BaSO_4$	233.39	CuI	190.45	HCl	36.461
$BiCl_3$	315.34	$Cu(NO_3)_2$	187.56	HF	20.006
$BiOCl$	260.43	$Cu(NO_3)_2 \cdot 3H_2O$	241.60	HI	127.91
		CuO	79.545	HIO_3	175.91
CO_2	44.01	Cu_2O	143.09	HNO_3	63.013
CaO	56.08	CuS	95.61	HNO_2	47.013
$CaCO_3$	100.09	$CuSO_4$	159.60	H_2O	18.015
CaC_2O_4	128.10	$CuSO_4 \cdot 5H_2O$	249.68	H_2O_2	34.015

续表

化合物	分子量	化合物	分子量	化合物	分子量
H_3PO_4	97.995	$KMnO_4$	158.03	$(NH_4)_2MoO_4$	196.01
H_2S	34.08	$KNaC_4H_4O_6 \cdot 4H_2O$	282.22	NH_4NO_3	80.043
H_2SO_3	82.07	KNO_3	101.10	$(NH_4)_2HPO_4$	132.06
H_2SO_4	98.07	KNO_2	85.104	$(NH_4)_2S$	68.14
$Hg(CN)_2$	252.63	K_2O	94.196	$(NH_4)_2SO_4$	132.13
$HgCl_2$	271.50	KOH	56.106	NH_4VO_3	116.98
Hg_2Cl_2	472.09	K_2SO_4	174.25	Na_3AsO_3	191.89
HgI_2	454.40			$Na_2B_4O_7$	201.22
$Hg_2(NO_3)_2$	525.19	$MgCO_3$	84.314	$Na_2B_4O_7 \cdot 10H_2O$	381.37
$Hg_2(NO_3)_2 \cdot 2H_2O$	561.22	$MgCl_2$	95.211	$NaBiO_3$	279.97
$Hg(NO_3)_2$	324.60	$MgCl_2 \cdot 6H_2O$	203.30	$NaCN$	49.007
HgO	216.59	MgC_2O_4	112.33	$NaSCN$	81.07
HgS	232.65	$Mg(NO_3)_2 \cdot 6H_2O$	256.41	Na_2CO_3	105.99
$HgSO_4$	296.65	$MgNH_4PO_4$	137.32	$Na_2CO_3 \cdot 10H_2O$	286.14
Hg_2SO_4	497.24	MgO	40.304	$Na_2C_2O_4$	134.00
		$Mg(OH)_2$	58.32	CH_3COONa	82.034
$KAl(SO_4)_2 \cdot 12H_2O$	474.38	$Mg_2P_2O_7$	222.55	$CH_3COONa \cdot 3H_2O$	136.08
KBr	119.00	$MgSO_4 \cdot 7H_2O$	246.47	$NaCl$	58.443
$KBrO_3$	167.00	$MnCO_3$	114.95	$NaClO$	74.442
KCl	74.551	$MnCl_2 \cdot 4H_2O$	197.91	$NaHCO_3$	84.007
$KClO_3$	122.55	$Mn(NO_3)_2 \cdot 6H_2O$	287.04	$Na_2HPO_4 \cdot 12H_2O$	358.14
$KClO_4$	138.55	MnO	70.937	$Na_2H_2Y \cdot 2H_2O$	372.24
KCN	65.116	MnO_2	86.937	$NaNO_2$	68.995
$KSCN$	97.18	MnS	87.00	$NaNO_3$	84.995
K_2CO_3	138.21	$MnSO_4$	151.00	Na_2O	61.979
K_2CrO_4	194.19	$MnSO_4 \cdot 4H_2O$	223.06	Na_2O_2	77.978
K_2CrO_7	294.18			$NaOH$	39.997
$K_3Fe(CN)_6$	392.25	NO	30.006	Na_3PO_4	163.94
$K_4Fe(CN)_6$	368.35	NO_2	46.006	Na_2S	78.04
$KFe(SO_4)_2 \cdot 12H_2O$	503.24	NH_3	17.03	$Na_2S \cdot 9H_2O$	240.18
$KHC_2O_4 \cdot H_2O$	146.14	CH_3COONH_4	77.083	Na_2SO_3	126.04
$KHC_2O_4 \cdot H_2C_2O_4 \cdot 2H_2O$	254.19	NH_4Cl	53.491	Na_2SO_4	142.04
$KHC_4H_4O_6$	188.18	$(NH_4)_2CO_3$	96.086	$Na_2S_2O_3$	158.10
$KHSO_4$	136.16	$(NH_4)_2C_2O_4$	124.10	$Na_2S_2O_3 \cdot 5H_2O$	248.17
KI	166.00	$(NH_4)_2C_2O_4 \cdot H_2O$	142.11	$NiCl_2 \cdot 6H_2O$	237.69
KIO_3	241.00	NH_4SCN	76.12	NiO	74.69
$KIO_3 \cdot HIO_3$	389.91	NH_4HCO_3	79.055	$Ni(NO_3)_2 \cdot 6H_2O$	290.79

续表

化合物	分子量	化合物	分子量	化合物	分子量
NiS	90.75	SO_3	80.06	$SrCrO_4$	203.61
$NiSO_4 \cdot 7H_2O$	280.85	SO_2	64.06	$Sr(NO_3)_2$	211.63
P_2O_5	141.94	$SbCl_3$	228.11	$Sr(NO_3)_2 \cdot 4H_2O$	283.69
$PbCO_3$	267.20	$SbCl_5$	299.02	$SrSO_4$	183.68
PbC_2O_4	295.22	Sb_2O_3	291.50	$UO_2(CH_3COO)_2 \cdot 2H_2O$	424.15
$PbCl_2$	278.10	Sb_3O_3	339.68	$ZnCO_3$	125.39
$PbCrO_4$	323.20	SiF_4	104.08	ZnC_2O_4	153.40
$Pb(CH_3COO)_2$	325.30	SiO_2	60.084	$ZnCl_2$	136.29
$Pb(CH_3COO)_2 \cdot 3H_2O$	379.30	$SnCl_2$	189.62	$Zn(CH_3COO)_2$	183.47
PbI_2	461.00	$SnCl_2 \cdot 2H_2O$	225.65	$Zn(CH_3COO)_2 \cdot 2H_2O$	219.50
$Pb(NO_3)_2$	331.20	$SnCl_4$	260.52	$Zn(NO_3)_2$	189.39
PbO	223.20	$SnCl_4 \cdot 5H_2O$	350.596	$Zn(NO_3)_2 \cdot 6H_2O$	297.48
PbO_2	239.20	SnO_2	150.71	ZnO	81.38
$Pb_3(PO_4)_2$	811.54	SnS	150.776	ZnS	97.44
PbS	239.30	$SrCO_3$	147.63	$ZnSO_4$	161.44
$PbSO_4$	303.30	SrC_2O_4	175.64	$ZnSO_4 \cdot 7H_2O$	287.54

附录5 原子量表

元素符号	名称	原子量	元素符号	名称	原子量	元素符号	名称	原子量	元素符号	名称	原子量
Ac	锕	[227]	Br	溴	79.904	Er	铒	167.26	Hg	汞	200.59
Ag	银	107.8682	C	碳	12.011	Es	锿	[254]	Ho	钬	164.93032
Al	铝	26.98154	Ca	钙	40.078	Eu	铕	151.965	I	碘	126.90447
Am	镅	[243]	Cd	镉	112.411	F	氟	18.9984032	In	铟	114.818
Ar	氩	39.948	Ce	铈	140.115	Fe	铁	55.845	Ir	铱	192.217
As	砷	74.92159	Cf	锎	[251]	Fm	镄	[257]	K	钾	39.0983
At	砹	[210]	Cl	氯	35.4527	Fr	钫	[223]	Kr	氪	83.80
Au	金	196.96654	Cm	锔	[247]	Ga	镓	69.723	La	镧	138.9055
B	硼	10.811	Co	钴	58.93320	Gd	钆	157.25	Li	锂	6.941
Ba	钡	137.327	Cr	铬	51.9961	Ge	锗	72.61	Lr	铹	[257]
Be	铍	9.012182	Cs	铯	132.90543	H	氢	1.00794	Lu	镥	174.967
Bi	铋	208.98037	Cu	铜	63.546	He	氦	4.002602	Md	钔	[256]
Bk	锫	[247]	Dy	镝	162.50	Hf	铪	178.49	Mg	镁	24.3050

续表

元素符号	名称	原子量	元素符号	名称	原子量	元素符号	名称	原子量	元素符号	名称	原子量
Mn	锰	54.93805	Pa	镤	231.03588	Ru	钌	101.07	Th	钍	232.0381
Mo	钼	95.94	Pb	铅	207.2	S	硫	32.066	Ti	钛	47.867
N	氮	14.00674	Pd	钯	106.42	Sb	锑	121.760	Tl	铊	204.3833
Na	钠	22.989768	Pm	钷	[145]	Sc	钪	44.955910	Tm	铥	168.93421
Nb	铌	92.90638	Po	钋	[～210]	Se	硒	78.96	U	铀	238.0289
Nd	钕	144.24	Pr	镨	140.90765	Si	硅	28.0855	V	钒	50.9415
Ne	氖	20.1797	Pt	铂	195.08	Sm	钐	150.36	W	钨	183.84
Ni	镍	58.6934	Pu	钚	[244]	Sn	锡	118.710	Xe	氙	131.29
No	锘	[254]	Ra	镭	226.0254	Sr	锶	87.62	Y	钇	88.90585
Np	镎	237.0482	Rb	铷	85.4678	Ta	钽	180.9479	Yb	镱	173.04
O	氧	15.9994	Re	铼	186.207	Tb	铽	158.92534	Zn	锌	65.39
Os	锇	190.23	Rh	铑	102.90550	Tc	锝	98.9062	Zr	锆	91.224
P	磷	30.973762	Rn	氡	[222]	Te	碲	127.60			

参考文献

[1] 武汉大学. 分析化学实验. 第 4 版. 北京：高等教育出版社，2001.
[2] 武汉大学. 分析化学（上册）. 第 5 版. 北京：高等教育出版社，2006.
[3] 化学分析基本操作规范编写组. 化学分析基本操作规范. 北京：高等教育出版社，1984.
[4] 王彤，赵清泉. 分析化学. 北京：高等教育出版社，2003.
[5] 孟凡昌，潘祖亭. 分析化学核心教程. 北京：科学出版社，2005.
[6] 张云. 分析化学. 上海：同济大学出版社，2003.
[7] 四川大学，浙江大学. 分析化学实验. 第 3 版. 北京：高等教育出版社，2003.
[8] 杨梅，梁信源，黄富嵘. 分析化学实验. 上海：华东理工大学出版社，2005.
[9] 邓珍灵. 现代分析化学实验. 长沙：中南大学出版社，2002.
[10] 汤又文. 分析化学实验. 北京：化学工业出版社，2008.
[11] Gary D Christian. Analytical Chemistry. Publisher：John Wiley and Sons Inc，2003.
[12] David Harvey. Modern Analytical Chemistry. Publisher：McGraw-Hill，2000.